包容的智慧 3

诚信的力量

星云大师 刘长乐 ◎著

民主与建设出版社　博集天卷 CS-BOOKY

图书在版编目（CIP）数据

包容的智慧. 3，诚信的力量 / 星云大师，刘长乐著. — 北京：民主与建设出版社，2015.6

ISBN 978-7-5139-0640-1

I.①包… Ⅱ.①星… ②刘… Ⅲ.①人生哲学—通俗读物 Ⅳ.①B821-49

中国版本图书馆 CIP 数据核字（2015）第 095031 号

©民主与建设出版社，2015

包容的智慧. 3，诚信的力量

出 版 人	许久文	
著 者	星云大师 刘长乐	
责任编辑	王 颂	
监 制	于向勇	
策划编辑	秦 青	
文稿编辑	王羽潇	
文字编辑	王 蕾	
营销编辑	刘 健	
装帧设计	崔振江	
出版发行	民主与建设出版社有限责任公司	
电 话	（010）59419778 59417747	
社 址	北京市朝阳区阜通西大街融科望京产业中心B座2061室	
邮 编	100102	
印 刷	北京鹏润伟业印刷有限公司	
开 本	700mm×995mm 1/16	
印 张	16	
字 数	260千字	
版 次	2015年6月第1版 2015年6月第1次印刷	
书 号	ISBN 978-7-5139-0640-1	
定 价	42.00元	

注：如有印、装质量问题，请致电出版社

目录
CONTENTS

包容的智慧 3 · 诚信的力量

CONTENTS

目录

CONTENTS

目录

壹

诚信的力量

人性之美，莫过于诚；人性之贵，莫过于信。

你信谁？谁信你？

长乐先生： 在当下中国，由于信仰缺失，原有的价值体系被打破，有些人为了所谓的成功，为了金钱，漠视生命的意义与尊严；有些人听任骨子里的贪婪肆意生长，为了眼前利益，不惜摧毁一切生命系统。道德诚信、商业诚信被远远地抛在了商业利益的背后，毒牛奶、瘦肉精、毒胶囊、地沟油正在从物质和精神两个层面毒害和摧毁我们的国家和民族。当全民都在为道德缺失忧虑的时候，我们常常听到一些人在叹息，说这个社会生病了。但究竟生的什么病？病因是什么？该怎么治疗？传统的孝悌忠信、礼义廉耻又有什么价值？我们要请星云大师从佛教的角度为我们开示。

星云大师： 人有病了，假如是眼睛痛，或者耳朵、鼻子痛，这对个人来说影响好像还不太严重。但是，诚信缺失好像传染病，它不单会使自己不健全，也会对别人造成伤害，甚至影响到整个社会的健康。所以，诚信对社会是很重要的。

佛陀在世的时候，他有一个小弟子叫作罗睺罗，这个小孩子还没正式地成为出家人，只是一个沙弥。他常常说谎，比方说人家来问他佛陀在哪里，本来佛陀在东边，他就开玩笑说佛陀在西边。他

壹

诚信的力量

看到人家受骗上当了，就很欢喜。佛陀知道了这件事情以后，就想找机会来教育他。佛陀从外面回来，要先弄个盆洗脚，才上座位，罗睺罗就弄了一盆水，给佛陀洗脚。洗完脚以后，佛陀跟罗睺罗讲："你用这个盆去盛一盆饭来给我吃。"罗睺罗一听，说："佛陀，这个盆是洗脚的，脏，不能盛饭吃。"佛陀听了以后说："罗睺罗，你就和这个盆一样，说谎，不诚实，没有信用，好的东西放进去都没有用了。"随后佛陀用脚把这个盆用力一踢，这个盆就骨碌骨碌滚动，罗睺罗吓了一跳。佛陀说："你怕我把这个盆踢坏吗？"罗睺罗回答："佛陀，这个盆是很不值钱的东西，踢坏了也不要紧。"佛陀说："罗睺罗，你就跟这个盆一样没有价值，不值钱，坏了也不要紧，因为你不诚实、不守信。"

佛教把"妄语"立为根本的戒条，杀盗淫妄，"妄语"是于人于己都有害的，是非常不可以的。不诚信、不诚实、不守信，就为社会所不容，自己也没有品格。

长乐先生：前几天，我在我的朋友圈里做了一次有意思的调查，我给我的每一位朋友发了一条信息，请他们诚实地回答我一个问题：现在的你，相信什么？

在我收到的300多个回答里，最多的回答是相信"自己"，大概占到82%，其次是相信"亲情""命运""爱""境由心转""天道酬勤""因果""恶有恶报"……有几个女性朋友相信"爱情"，还有一些朋友相信"基督""上帝""佛祖"等。

参与调查的朋友大多是步入社会的职场人士，我想他们的回答代表了当前中国社会的主流思潮——相信自己，相信自我奋斗。

星云大师："信"，就是信仰、信用、信心。"信"对一个人是非常重要的。我们对自己的国家要有信心，对自己从事的事业要有信心，对自己要有信心。我想说：每个人的生命都非常宝贵，人活在世界上数十载寒暑，一定要好好把自己的人生过好，要求再高一点，就是经营好自己的人生信誉。

长乐先生：但是，在"相信自己"这个回答面前，我有一个深深的隐忧：现在，有些人不相信这个世界上的别的东西，"别的东西"包括他人、宗教、国家和命运等。

星云大师：相信自己很好，说明你对自己有信心。但是，如果一个人在世界上只相信自己，那我想他的一生也是很可悲的。

长乐先生：相信自己，从某种角度去解读，有一个潜台词，就是不相信别人。

中国社会的信任是基于血缘关系的信任，个人的信任对象主要是家族和家庭及其成员，然后扩展到乡土信任、地域信任或者文化信任。这种信任的水平是比较低的，因为信任只建立在血缘的基础上，对陌生人普遍存在不信任。

从这个例子中，我们可以看出，中国的诚信问题确实到了一个非常紧迫的关头。

我们讲诚信一般从三个层面入手，一是政治层面，即政府和民众的关系，或者说官员和老百姓的关系，在诚信方面发生了一些问题；二是经济层面，主要表现在利益双方互不信任，其次是提供产品的商家和消费者之间的信任出了很大的问题；三是社会层面，一些本来最应该注重诚信的职业，比如法律工作者、教师、医生、学者等，其诚信比任何其他职业的人都下降得厉害，这是非常让人不安的。当然，媒体也要自我反省，媒体本身也出现了诚信的问题，比如做假报道的、以文谋私或讹诈财物的都出来了，我想这种情况大家是有目共睹的。所以，我们必须立即行动，拯救诚信。

一个人与人互不信任的社会是很可怕的，因为每个人都无法在其中获得安全感，更别提幸福感了。

马克斯·韦伯认为：中国人之间的交往是建立在血缘亲族关系基础上的，即在中国，一切信任、一切商业关系的基石明显地建立在亲戚关系或亲戚式的纯粹个人关系上，这有十分重要的经济意义。

亨廷顿有类似的观点：在中国，信任和承诺取决于私交，而不是契约或法律和其他法律文件。

高伟定也说过：华人家族企业的特点之一就是对家族以外的其他人存在极度的不信任。

我自己做的小调查中，的确有很多人选择"相信亲情"。所以我觉得，中国社会目前还是一个"非现代化"的社会，正常的市场发育没有形成，非常好的信任和信用制度没有出现。中国人在人际关系方面不太相信别人，基本的诚信体系还是靠儒家思想在维系着。

但是，西方学者在这一点上恐怕是患了文化自我中心主义的通病，虽然号称有契约精神的传统，但华尔街一直被称为"人类本性堕落的大阴沟"。股市操纵者们随意操纵股价，立法官员与他们狼狈为奸，政府腐败屡见不鲜，证券法规严重缺失，股票战的胜负更多的是取决于立法官员们侵害公权的无耻程度和技巧的高下。在牛奶中添加三聚氰胺也可以在美国找到先例。

由此可见，契约并不是包治百病的灵丹妙药，在原有价值观念被打破的社会转型期，拜金主义——这个人类心中的魔鬼就会被放出来毒害我们的心灵。在这种情况下，道德建设与法规建设同样重要。

星云大师：所谓现代社会，就是讲究契约精神的社会，人与人的诚信是建立在契约关系上的。人们不仅懂得规则，也懂得遵守规则。其实，契约精神并不是现代化的标志，而是代表一种文明与进步。在西方，明文规定的契约的概念大概是在罗马法中出现的，但作为一种精神，它可上溯到古代希腊。中国传统的儒家文化对契约也是十分推崇的。宋朝有一位姓徐的读书人，母亲生病想要吃猪肉。他走到东街买猪肉，问好了价钱，又想还要到西边去买东西，拿着肉不方便，就答应人家回来再买。他到西边一问，那里的猪肉比东街便宜，但他没有买，为什么？因为他觉得自己在东街已经承诺要买那家的东西，不能失去信用。可见古人对诚信的重视有多高。

总裁讲中国人很难相信别人，其实主要是因为上过当受过骗，所以再也不敢相信别人。你看孩子还是很容易相信别人，相信这个世界的真善美的。为什么大人上过当就渐渐地不再轻信别人？因为我们怕受伤、怕失去。

舍利弗遇到一个哭哭啼啼的年轻人，就问："你哭什么？"那人回答："我母亲眼睛有了毛病，需要活人的眼睛做药引子才能救活。"舍利弗一听，说："那我帮助你，给你一只眼睛。"于是舍利弗就把右边的眼睛挖下来给他。年轻人说："我必须要左眼才成。"舍利弗一听，又把左边的眼睛挖下布施给他。年轻人接过这只眼睛在鼻子上闻闻，觉得腥味难闻，就往地下一扔，用脚踩。

舍利弗眼睛看不到了，可是耳朵能听到，就说："这个人怎么这么难度啊，菩萨难当啊！"于是心生退心。

这时候天人就来告诉他："舍利弗，这是来考验你的，你要经得起委屈、冤枉。"修行的人要把忍受苦难、侮辱、讥讽、恶毒、欺骗视为如饮甘露一样，永远不要灰心。

所以，做不做一个守信的人是你自己的事情，不要因为别人的态度而退缩。你自己坚定了，什么都不可能摧毁你。

长乐先生： 大师讲要坚守诚信就一定不要退却，很深刻，但这很难做到。卢梭认为，人与人之间的契约构成了社会，有了契约才有了国家。秩序是靠大家来建立的，这种建立需要个人牺牲自己的一些天然属性，或者叫天然自由。中国长期以来都是农业社会，我们的社会重视的是血缘关系、地域关系，大家比较关心的是眼前的东西、身边的亲属，真正信任的是自己或亲属。西方的大资本家很少有人把产业传给自己的子女经营，但华人不一样，香港、台湾和大陆，很多大企业仍然是家族式经营，一代传一代。从社会进步的角度讲，中华民族要崛起，我们个人就必须自我约束，自我禁戒，不说假话，建立诚信。要有诚信的公共契约，使他律和自律结合起来，这才是华人文化不断进步、走向现代文明的必由之路。

星云大师： 制度往往滞后于社会发展。谁不想生活在一个人们可以互相信任的社会呢？建立一个人们可以互相信任的社会，要先从自我建设开始，别等着制度先行。我在洛杉矶和一个人吃饭，我问他从事什么行业。他说他开餐馆卖素食，有400多家餐馆。我一听很震惊，问道："美国真有这么多人吃素吗？"他说："因为我把心做给他们吃。"意思就是说，我们很用心、很有信用。

长乐先生： 是的，契约与诚信互为表里。罗纳德·英格尔哈特说，诚信是经济交换的润滑剂，低社会诚信与文化、经济的落后相关。弗朗西斯·福山在其著作《信任：社会美德与创造经济繁荣》中指出：诚信是造成经济成就差距的根源，"一个民族的福利及其竞争力取决于文化特性，即这个国家固有的信任程度；高度信任的存在可以如同经济关系的添加因素，提高经济效率，减少经济学家称作交易成本的消耗"。与大师所讲的例子相反，香港特别行政区政府为限制内地人携带大量奶粉出境而立法，限带两罐奶粉，最高刑罚是监禁两年，属全世界罕见的强硬措施。当然，这也是不得已而为之。其实，内地奶粉有质量问题的只是个别案例，但摧毁的是人们对整个行业的信心。

重建信心与信任，是当下中国一个最艰巨的系统工程，是中国的百年大计，关系到我们如何与他人相处，与世界相处，与人类相处。

壹

诚信的力量

我听闻佛教强调"三心",就是真心、深心和大悲心。真心,就是真实、诚实;深心,就是诚信、信任;大悲心,就是对众生的超度、怜悯。我认为诚信的出发点应该是这"三心"。

首先真实面对自己的内心,相信自己;然后诚实面对别人,去相信别人;最后有一颗大悲心,体谅别人的背信弃义,理解世间的苦,不会因为别人不守信而自己也不守信,不会因为自己上当吃亏而欺骗别人。继续保持诚信,并继续对人诚信。这才是"信"的最高境界。我记得上次和星云大师对话,我问大师,如果这一生只留下一件东西,要留下什么,大师说是慈悲。我想,慈悲心正是促成诚信的最强大的力量。

星云大师: "慈悲"两个字,"慈"是把快乐给人,"悲"是要替人拔除痛苦,就是你有痛苦,我替你去除,并给你一些快乐,这就叫作慈悲。小心翼翼于世间行走,千方百计害怕吃亏上当,这都是人间的苦!我们通常能做到的慈悲一定是"有缘"的,比如对家人、朋友的爱,但佛教里讲真正的慈悲是"无缘大慈",就是不管认识不认识的人,只要你有苦难,我就要帮助你。正所谓"无缘大慈,同体大悲",我就把你看成跟我一样的身体,慈悲心便油然而生。所以,如果人人都能以己度人,以相信自己的心去相信别人,这个世界怎么能不越来越好呢?

一心开二门，一个是善门，一个是恶门

长乐先生：美国有一部电视剧，叫作《别对我撒谎》，一度风靡全球。剧中揭示了这样一个惊人的秘密：普通人在每10分钟的谈话中会说3次谎话。我没做过测试，不过我想我们每个人都说过谎，没说过谎的人是不存在的。

有一篇挺猛的博文《中国的群氓现象》讲述了一个故事：20世纪90年代后期，一家名叫安利（Amway）的美国保健品公司进入上海。安利公司是搞直销的，它的营销方式被哈佛MBA课程列为教材案例。按照安利的规定，产品实行"无因全款退货"：不管任何原因，如果顾客在使用后感到不满意，哪怕一瓶沐浴露用得一滴不剩，只要瓶子还在，就可以到安利退得全款。这项规定在美国施行了很久，一直是安利公司的信誉和品牌的象征。然而，精明的国人很快以"独特"的方式震撼了美国人：很多中国人回家把刚买的安利洗碗液、洗衣液倒出一半，然后再用半空的瓶子甚至全空的瓶子去要求全额退款。刚刚开业不久的上海安利公司，每天清早门口就排起了要求退款的队伍，最多时每天退款高达100万元。无奈的安利公司只好放弃了他们被誉为"完美得无懈可击的一整套激励制度"，规定：产品用完一半，只能退款一半；全部用完，则不予退款！

壹

诚信的力量

当拿着空瓶子去退款的人得意于自己的"聪明"时，他们没有想到，这种集体无意识会建造一个"不遵守游戏规则"的世界，它的信用损害、道德损害、物质损害最终会蔓延至全社会，会危害到每一个人。

星云大师：诚信之门在每个人手中。如果你期待生活在诚信的世界，那么就先从自己的坚持做起。一心开二门，一个是善门，一个是恶门。这个世界上的人，男人一半，女人一半；白天一半，夜晚一半；做好的一半，做坏的一半。佛也只有一半，还有一半是魔。佛与魔，谁也没有统一世间。不过，我们信佛的人总想用自己的慈悲、智慧、能力把世界净化得干净一点，少一点魔。所以，守信一定不要退却。

长乐先生：佛教的五戒中，有一戒很有意思，也很难做到，就是不妄语。不妄语，就是不说谎。在现实生活中，有时候自己有些私事实在不愿跟别人坦白，但别人又问起，为了别人的情绪，需要说些善意的谎言，这该怎么办呢？

星云大师：不妄语的意思的确是不说谎话，不说虚伪诳骗的话，只说诚实的话。

有一位居士到佛光山学佛，她说："师父，别的戒律我都可以做到，但'不妄语'这条我做不到。"我问为什么，她说："我是卖布的，布是会褪色的，如果人家来买点布，问我褪不褪色，我如果照实说来，人家就不买了。"我告诉她，不妄语是一定要做到的，你可以这样说，八块钱一米的褪色，十二块一米的不褪色。她照我说的做了，结果生意反而好了，因为她既说了实话，又推销了自己的好产品。现在，她的生意越来越多，已经盖起大楼了。

你说有时候自己有些私事实在不愿跟别人坦白，但别人又问起，该怎么办。在法律和道德的层面，如果你没有回答对方问话的义务，那你就可以不回答。你可以向对方做出解释，你不想回答这类问题。生活中常有这样的事情出现，你要区分清楚，如果不是法律和道德的必要规定，你可以对某些提问不予回答，这是你的权利，这并没有违犯不妄语戒。如果你不想回答对方的问题，碍于情面，编出谎话回答对方，那就犯了不妄语戒。

长乐先生：有些人习惯了说谎，谎话说多了自己也渐渐以为是真话了。这就是先骗了别人，后骗了自己。自己的心迷失了，你还能有什么真幸福？为什么我们越来越不幸福？因为自己发现自己追求的东西可能是别人的谎话，费尽千辛万苦得到了，却并不快乐。还有更大的不快乐，就是得不到。于是我们又编出谎话骗自己，阿Q一下，虽然暂时在精神上缓解了，但时间长了，还是不快乐。世间哪种人最痛苦、最受折磨？就是半梦半醒的人，心里知道自己在骗自己，却不肯承认，因为骗自己可以让自己暂时好过一点。

星云大师： 一个信众和我讲："师父，我今天炒股一下子损失了13万，真心疼啊！"我问他："那你怎么想？"他说："我还是能自己开解自己的，我说我还能挣回来。如果真的不能挣回来了，那我就当做善事捐款了吧！"我和他讲："你这是骗自己，赔了就是赔了，亏了就是亏了，这是真相，你要先正视这个真相。"人总是怕失去、怕吃亏，所以编瞎话安慰自己，这是不对的。无常才是世间的真相，不要骗自己，那只是暂时的心理安慰而已。

长乐先生： 大师说得很对，人总有求圆满的心理，不愿意承认不好的事情，总想找个法子安慰一下自己，这就是鲁迅先生批判的"阿Q精神"。其实，不好的事情也是人生的一部分，你正视它、承认它，比躲避它、忽视它、掩饰它要好。正视和承认，意味着你心平气和地接受它，然后才会找到真正的出路；躲避和掩饰，意味着你一辈子都走不出不好事情的阴影，如果再遇上，你还是心理上接受不了。做人，首先不要骗自己，其次不要骗别人。对自己诚实能磨砺自己的心，增强它承担的力量；对别人诚实，那是你做人的金字招牌。

星云大师： 你这个人有多少价值？有诚信就有价值。古代有一位学士在荒年战乱中逃难，路过一个果园，众人都去摘梨吃，但是这个学士坐在那儿不动。别人问他："你怎么不采几个吃呢？"他说："这梨是有主的，是人种的，我不能偷人家的。"别人就说："都落难了，哪有什么主？"学士说："这里好像没有主，但我心里不能没有主。我心里的主就是我守我的信用，这是我的人格、我的价值。"一个人懂得诚信，就有价值，不懂，就没有价值了。

长乐先生： 孟子讲的是仁义礼智，并没讲到信，从荀子开始讲信。北宋时候的大哲学家，就是《爱莲说》的作者，叫周敦颐，他是这样讲的："诚"为五常之本，百行之源也。也就是说，他认为仁义礼智信最核心的东西是诚，就是说真话。我们前面讨论了持戒，不光佛教里要求不妄语，在基督教里也可以看到类似的教义。所以，我认为不说谎是人类的非常正面的能量，不说谎才能引导人类真正找到幸福。

星云大师：佛教里关于诚信的故事比较少，因为佛教认为诚信是当然的。我做了76年的和尚，今年88岁，做和尚不是很好过，很辛苦。我为什么一直做下来？因为我要守信用。小时候师父问我：你要做和尚吗？我说要。就这一个"要"字，我就要守信用，去全世界弘扬佛法，一做就是一辈子。过去师父让徒弟守庙，为了师父的一句话，徒弟不管饥饿战乱都要守到最后。这看上去是不是很傻？其实往往我们觉得傻的事情，才是不傻的，才是最重要的。

长乐先生：诚信不是一道选择题，而是一道必答题。世界公认我们中国人很聪明，我们中国能生产出世界一流品质的产品，但为什么没有创造几个世界一流的品牌呢？为什么国外名企在国内建厂就能成为世界一流，而我们自己管理的企业却一而再，再而三地伤害百姓的情感与信任，让三聚氰胺奶粉、苏丹红鸭蛋、毒大米、注水肉等假冒伪劣产品流入市场呢？聪明反被聪明误。

在第28届首尔国际食品产业大展上，与中国台湾、日本及美国等展区人头攒动形成了鲜明对比的是占据60多个展位的大陆展区几乎无人问津。"吃在中国"已成过去，在各国消费者眼中，一提起中国食品，马上让人联想到"有毒食品"。没有诚信的聪明，是会害死人的。

"你怎么待我，我也怎么待你"，这句话适用于人类社会的一切关系。你用假冒伪劣做生意，别人只能弃你而去。以邻为壑，可能最先淹死自己。

诚信问题已经成了中华民族最大的软肋、最痛的伤。中国人的信用额度不能再透支了。

星云大师：对诚信的事不能心存侥幸，有诚信事业才能发展。我这些年不断地到大陆来，看到领导越来越年轻了，都是四五十岁的，对我们服务热忱。改革开放了，经济发展了，大楼也高了，高速公路也多了，高铁也有了，飞机也很方便，这些都是好的，但快速发展伴生而来的诚信危机是不好的。其实，台湾也经历过改革时期。在改革过程中，人的心情是浮动的、变化的，有的从好的变坏了，有的从坏的变好了，这需要一个过程。

长乐先生：我讲一个故事，因为彼时的美国与现今的中国市场有些类似：经济繁荣，金融市场规模迅速扩大，同时，市场欺诈、道德缺失等丑恶现象不断上演。摩根等一批投资银行家看到了繁荣背后潜在的危机，不遗余力地树立诚信，并通过推动一系列市场规则的确立，将华尔街——一个公众眼中的赌场——变成了有着良好声誉的世界金融巨人。诚实有如此巨大的作用，恐怕当初连摩根也没有想到。老摩根说过一句让人难忘的话：财富应该掌握在有社会责任感的人手中！

作为媒体人，我说：媒体应该掌握在有社会责任感的人手中！不妄语，不炒作，有诚信，是媒体人应该遵守的道德底线。

星云大师：佛教的诚信取决于佛陀制定的戒律。戒律，就是守规矩、守法。我们刚才说的五戒是在家学佛的人必须持的，出家人要遵守的戒律更多，十戒、二百戒、三百多戒，其中多以防非止恶为宗旨。例如，五戒的不偷盗、不妄语即是取信，一个常偷别人东西、说谎话的人，有谁还能相信他呢？只有守戒的人，人而信之，才具有可信力。进一步说，只有守社会公德的人才可信。

长乐先生：我觉得，一个常常说谎的人，是不可能获得人生的成功的。治天下的问题，最终还是归于修身的问题。信誉的建立，需要漫长的过程；信誉的毁坏，却只在一息之间。

一部《论语》，光"信"字就出现了38次。孔子曾经说，"人而无信，不知其可也"，将诚信作为人安身立命的根本。从商者的角度说，"君子爱财，取之有道"，这里说的"道"，就是诚信。司马迁在《史记·货殖列传》中总结富商巨贾成功的经验之一，就是"诚一"。所谓"诚一"，既应是专心于事业的忠诚，又应是在面对外界的诱惑时，做到"内不欺于己，外不诈于人"的诚信。

星云大师：我们中国人造字很有趣，你看"诚实"的"诚"，它是一个言字旁，再加一个成功的"成"，意思就是说，你说的话一定要诚实，这件事情才能成功。

"信用"的"信"，是人字旁，加个言语的"言"，意思是说，人要言而有信，否则，就不是人说的话了。

"仁义"的"仁"，是一个人字旁，加一个"二"，意思是要兼顾他人，才是仁慈，才有好心，只顾自己一个人，就算不上仁义了。

过去孔老夫子、孟子、老子、庄子等我们中国的诸子百家，都是讲究道德、讲究诚信的。因为诚信维护着社会的秩序，中国社会过去靠着忠孝仁爱、信义和平、礼义廉耻，繁荣发展了几千年。这就是它存在的价值。

人之所以不诚实、不守信，是因为他不知道自己的价值，不知道主动去提升自己，去完善自己，所以就滥用他人的信任，以为别人好欺负，以为别人好骗。其实他骗了他人以后，自己也不一定能得到利益，自他两失，他怎么会开心。

明朝时，王阳明先生带弟子出去传道。他们在街上，听到两个妇人吵架，一个骂另外一个说："你没有天理。"另一个当然不甘心，就回骂："你没有良心。"王阳明就跟旁边的学生们讲，这两个妇人在讲道了。学生就说："老师，她们在相骂，没有讲道。"王阳明说："你听，一个讲天理，一个讲良心，她们不是讲道，是讲什么？"学生们正在不解的时候，王阳明又说："凡是道，如果只要求别人，这就是相骂了，就对立了；要求自己就是道了，就是义了。"我们今天以诚信为题讨论，不是要求人家的，是要求自己的，要扪心自问：我有诚信吗？我有信用吗？如果我们自己能这样自我要求，必定能增进道德。

长乐先生：最近我听到了一个消息，中国的足球裁判员被国际足联踢出2014年世界杯了。曾有一位非常出名的中国足球裁判叫陆俊，他曾在世界足球裁判的评选中排第二名，是个非常有前途的足球裁判。在一次日本和韩国的大赛中，他秉公执法，给大家留下了非常深刻的印象。但就是这位裁判，因为黑哨事件被捕入狱。从这个例子中，我们可以看出，中国的诚信问题确实到了一个非常紧迫的关头。信用体系在社会上的崩溃是分层级的，首先是政治层面，老百姓开始对政府产生信任危机；然后是经济层面，消费者开始不相信商家；最后是整个社会层面，一些本应成为社会道德典范的职业——比如老师、医生甚至记者——开始丧失诚信。尤其是在自媒体时代，谣言传播速度之快、影响之恶劣已经到了令人发指的程度。怎么改变这一切？继续咒骂和不相信？我个人觉得毫无意义。诚信体系的重建需要每个人都参与其中，不管你是政府还是老百姓，是消费者还是商家，或是媒体，都应先从自己做起，问一问：我有诚信吗？我在说谎吗？

社会好像一池水

星云大师： 老人们常说，人活着要有点希望。人生最大的悲哀，就是没有希望，有希望才有未来。给人希望，这是无上的美德；反之，断人希望，就是最残忍的行为。

长乐先生： 希望是什么？首先是一种相信。对老百姓来说，最大的安全感就是有一个守信的政府、一个诚信的社会，这样生活才有希望，才能安居乐业。你别觉得诚信的事情不关你的事，社会好像一池水，公民好像池子里的鱼，有多少条鱼就配多少粮食，每条鱼都吃一点，大家都能好好活着。如果你不诚信，偷偷多吃一点，多占了别人一点便宜，你暂时快乐了，别的鱼却慢慢饿死了。鱼少了，社会总体的粮食投放量也会减少。大家都比着占便宜，饿死的鱼越来越多，粮食投放量就会越来越少，最后的结果是，所有的鱼都会死。这个社会就成了一步步走向绝望的社会。

星云大师： 人是活在希望里的。一个国家、一个社会，人民热心缴税，是希望国家的公共建设会更好；修桥铺路，是希望大家的交通更方便；救济贫困，是希望社会的福利更完善；选贤举能，

壹

诚信的力量

是希望政治的发展更民主；惩治官吏，是希望政府更清廉，老百姓的权利有人保护。有了希望，就有了未来。有了希望，就不会因为黑暗而心生恐惧，因为黎明在黑暗之后会伴随着"希望"到来。霜雪寒冬不要害怕，因为严寒过去，春天就会随着"希望"降临人间；钱财短缺不必忧虑，因为即使只有一块钱的资本，只要肯发愤图强，也会有飞黄腾达的希望。

长乐先生：我们的国家非常大，越大越不好管。中国的改革开放走到今天，很多社会问题在经济高速发展的滚滚车轮下被掩盖了。发展到今天，很多问题已经到了必须解决的地步，很多毒瘤已经到了不做手术不行的时候。可是，这么多问题怎么解决？到底先解决哪个？牵一发而动全身，如果抓不住牛鼻子，就会没效果；如果用力猛了，就会造成社会的动荡。这真是一个充满智慧的政治命题。

我觉得，中国要化解诚信危机，必须首先解决政务诚信的问题。要对公民的权益保持敬畏，要对权力来源保持清醒。公权不能造假，这是最为基本的公权伦理，是不可逾越的公权底线。

比如，政府非理性的投资增加，这对诚信问题有非常大的影响，民众会不知所措。再有就是暗箱操作，这是腐败中最普遍的现象，这是很伤人心的。还有跋扈行为，那个开车轧人还高喊"我爸是李刚"的纨绔子弟就是实例。

我觉得我们不能把腐败问题当成历史过渡的必然。从18世纪到现在，外国的一些思想家和哲学家，比如孟德斯鸠、康德、黑格尔、罗素，都曾经评论过中国的不诚信现象。他们认为中国的社会是一个非现代化的社会，它的商业市场发育还没有完成，没有非常好的信任和信用制度，所以出现了腐败的情况。有人反问说，儒学在中国是根深蒂固的，所以中国文化是倡导诚信的。

但西方学者说，其实人们对金钱的追逐远远超过了对礼教的膜拜。

腐败确实不是当代的一种新现象，但我们必须认识到：现在，腐败问题已经到了非解决不可的时候了。

学者刘莘说，中国社会缺乏诚信，更缺乏建立诚信的制度。如果说人际诚信、商务诚信是水平诚信的话，那么，公共权力机关的诚信就是垂直诚信，垂直诚信的重建最为重要。没有垂直诚信，就不可能有好的水平诚信。因为人际不诚信会增加人际交往的成本，使社会成本受到损失；而公共权力的执行者和公共权力机关的失信，不仅会使人际交往成本增加，更会使社会普遍规则失灵，使社会交易无法进行。

我们很欣喜地看到，这一代中央领导人非常有智慧，一切问题，归根结底是人的问题。中共十八大以来的"反腐风暴"就是建立和维护政府诚信的得力举动，一时间大快人心，社会风气为之一振。

星云大师：一个国家，有了国防建设，国家才能富强安定；有了文教建设，社会才能和谐有礼；有了经济建设，地方才能繁荣发展；有了诚信建设，人民才能安心，人生才越来越有希望。在社会上，一般人都是心向外求，一心希望得到别人的帮助，一切仰赖别人，一旦失去资助，顿时就会丧失前进的力量。中国人的事情，求不得别人。

兵法上有谓"心防重于国防"。所谓心理建设，就是要建立正确的思想、观念、道德、品格，尤其要建立信心。自尊、自重、自强，都是自我建设的重要课题。因此，我们每一个人都应该经常自问：我的道德提升了没有？我的语言美化了没有？我的工作完成了没有？有没有"先天下之忧而忧，后天下之乐而乐"？退一步讲，至少不要"破坏他人，成就自己"。

长乐先生：除了政府之外，公民人人都是诚信建设的主角。诚信问题是一个社会问题，也是大家的问题，和每个人都脱不了关系。诚信的建立是一个将心比心、以心换心的过程，在这个过程中，社会各界精英、舆论领袖要带头垂范，我们每一个人也要参与其中。任何只批评别人、不检讨自己诚信问题的人，都不是一个好的实践者。诚信的建立关键在于做，如果不能做到言行一致，空谈诚信是毫无意义的。我们应以责人之心责己，以恕己之心恕人。我们现在所称许的东西，也许并不是因为它卓尔不凡，而是因为我们无知；我们现在所批判的东西，也许并不是因为它鄙陋，而是因为我们狭隘。所以，我们在要求别人之前，要先要求自己，己如不能，不可施于他人。

星云大师：现在社会上流行讲假话，争取选票；做伪证，陷人于苦难；假公济私，唯利是图；仿冒商品，赚取非法财富……"假"人自以为一手遮天，到处说假话、行假事。其实，做得再逼真的"假"，也只能瞒过一时，不能长久，西洋镜总有被拆穿的时候。有人反讥：世间原本是四大皆空，五蕴非有，一切都是假的，何必如此认真？但我要说：梦中做梦，假世行假，人之真心何在呢？人之

壹

诚信的力量

意义何在呢? 这个世间满街假人、到处假话, 安居乐业、太平盛世又何在呢?

长乐先生: 一个国家、一个社会缺乏诚信, 最大的危害就是会使这个国家的人民失去希望。人民不再相信政府, 就会偷税漏税, 抵制一切新政策; 人民不再相信法律, 就会依赖人情买卖, 甚至依靠黑社会的力量; 人民不再相信银行, 就会出现各种金融困境; 人民不再相信媒体, 就会谣言漫天、人心惶惶。如此, 最终失掉的, 是一个民族的未来。

星云大师: 小环境也会影响大环境。西方社会非常重视人们的居家空间, 大众享有拥有宽阔住所的权利。反观我们的社会, 一家老小挤在数坪的公寓, 生活在像鸡笼、鱼缸般的狭小空间里, 面对水泥墙壁、钢铁门窗, 嗅不到清新空气, 照不到温暖阳光。你说, 居住在水泥森林中的现代人如何享受身心自在、通体舒泰之乐呢?

长乐先生: 居家空间如此, 公民的生存和发展空间也是如此。如果社会制度在设立的时候不能公平地、人性化地考虑到广大人民的权利, 那就好像造的房子狭小局促, 人在里面时间长了必然会不舒服。如果在执行制度的时候, 不能秉公执法, 这就好像本就狭窄的房子里又倒了墙、塌了梁, 人民就会恐慌, 不知道怎么安居, 于是纷纷想着逃出去。我想, 现在很多人选择移民, 很多父母跑到国外去生孩子, 倒不一定是觉得我们自己的国家不好, 有可能是因为缺乏一种安全感。

星云大师: 禅宗二祖慧可, 不惜断臂求法, 只为想了知"身心安住"之道; 六祖慧能, 因为一句"应无所住而生其心"而顿开茅塞, 看见自家面目。第二次世界大战期间, 有人问杜鲁门总统, 在繁重的任务和巨大的心理压力下, 他为何还能保持镇定的心情。他说:"我心里有个安全的避风港。"可见,"身心安住"是圆满生命、拥有快乐人生的关键。

长乐先生: 人是社会动物, 人的身心应该安住在社会里。在自然法则里, 尊重生命、顺天而行是自然的公理; 在社会里, 也应如此。近些年来, 我们的政府之所以渐渐提出"让百姓有尊严地活着", 就是因为认识到了人民身心安住的重要性。制度的设计和执行能不能更公平而诚信？要先让社会有诚信之风，政府的作用至关重要。

星云大师：希望政府从提升教育文化、敦亲睦邻、提倡家庭伦理、改良社会风气、尊重正信宗教等方面努力，让人民的身心有一个圆满的安住。安定生信任，信任生繁荣。

长乐先生：如果信任激发信任，这是善的循环；如果信任招致背叛，又会导致不信任，这是恶的循环。当信任开始不断向恶的方向循环的时候，互动的双方都会丧失信心，这会带来一系列以牙还牙的恶意行为。所以，我们要努力阻止恶的循环，让我们的社会向着善的循环运转，这才是有希望的社会！

懂得诚实感恩，财富俯拾即是

长乐先生： 刘备临终托孤的故事大家可能都知道。《三国演义》中，刘备临终时对诸葛亮说："如果你看阿斗是个当皇帝的料，你就辅佐他；如果他不是个当皇帝的料，你就把他废了，自己当皇帝吧。"诸葛亮一听，立即跪下说："我一定会全心全意辅佐刘禅的，绝不敢有一点自己当皇帝的意思。"最后诸葛亮不负刘备的托付，为了刘氏天下的长久而呕心沥血，命丧五丈原。

星云大师： 诸葛亮为报答刘备的知遇之恩，全心辅佐后主阿斗，鞠躬尽瘁，死而后已；韩信曾受漂母一饭之恩，功成名就后，他履行了当年的承诺，谢以重金。成语"过河拆桥"，意谓受人帮助，事成之后，忘恩负义，这是不懂得感恩图报的表现。如果我们能"过河拜桥"，这既信守了承诺，也给予了他人应有的回馈。人当有感恩之心，走在路上，天气炎热，在树下休息，要感念前人种树。因为有前人播种的因，才有我现在乘凉的果。如果没有人肯把道路修好，到处坑洞，那我必危险！如果没有农夫春耕秋收，我焉能衣餐俱足？每个人的一生，可以说都是社会大众共同成就的，所以，做人一要守诺，二要有感恩的心，懂得回馈。

长乐先生：接受了别人的托付，就要忠于所托之事，对别人忠诚，对事情用心。只有这样，才对得起自己，对得起他人。受人之托，忠人之事，这是一种美德，也是一种使命与责任，更是一种荣誉。一个人之所以能"受人之托"，是因为他得到了信任。领导将一项重要活动的总策划交给你，是因为信任你，他相信只有你才能将这项活动策划得有声有色。换言之，因为有你这样的能力，才会得到别人的重托。你应该为自己得到此项重托而感到自豪，要知道，这也是一次展现自己才能的最佳机会。

星云大师：诚实守诺，才会更有助缘。一个人不诚实守诺，则内心贫乏；懂得诚实感恩，则财富俯拾即是。为人处世，若能信守承诺，虽然暂时可能会遇到不如意的事，但未来定会逆增上缘。

长乐先生：忠诚于所托之事是一种高贵的职业品质，是一种可以助人不断走向成功的精神力量。如果我们把智慧和勤奋看作金子般珍贵，那么，比金子还珍贵的就是忠诚。对企业忠诚，就是对自己的事业忠诚。忠诚不是阿谀奉承，它不希求回报，也没有私心。在企业中，很多老板用人不仅看能力，更重品德，而品德中最为核心的就是忠诚度。那些既忠诚又能干的人往往是老板梦寐以求的得力干将。因为老板的成就感、自信心以及企业的凝聚力，在很大程度上都来源于员工的忠诚度。

星云大师：在为人处世中，那些忠诚的人，尽管可能做事能力有限，但仍能得到他人的重视，到任何地方都可以找到自己的位置；而那些朝秦暮楚的人，那些只管个人得失的人，即便他们的能力无人可比，也不可能被人器重，得到他人的尊重。

一位马耳他王子偶然看到他的一个仆人正紧紧地抱着一双拖鞋睡觉，他上去试图把那双拖鞋拽出来，结果把仆人惊醒了。这件事给这位王子留下了很深的印象，他立即得出了结论：对小事都如此小心的人一定很忠诚，可以委以重任。因此，他便把那个仆人升为自己的贴身侍卫。结果证明这位王子的判断是正确的，那个年轻人很快升到了事务处，又一步一步当上了马耳他的军队司令。忠诚其实不仅仅是一种美德，它更可以转换成你的一笔财富，一旦你拥有了这笔财富，你就赢得了他人的信任和重用。

长乐先生：孔子说："人而无信，不知其可也。大车无輗，小车无軏，其何以行之哉？"受人之托，忠人之事，是对自己人格的尊重，也是对他人的利益、商业社会的规则和传统的文化道德的尊重。

在古代中国，"信"是个人形象的一部分，而在现代社会，"信用"是整个国家、社会和企业的总体形象。中国人在人际关系、商业关系中普遍表现出来的信用危机，是道德观念扭曲的表现。在这种时候，如果我们把诚信做成自己的品牌形象，于己无损，对人有利，何乐而不为？

星云大师：所谓"承诺"，就是对别人所许的诺言务必兑现，也就是守信。忠诚守信，是立世的根本。在过去的农业社会，交通不便，通信技术不发达，出外就业的人要靠信差投递家书、传递口信，甚至寄送物品。他们彼此之间并没有严格的契约，也没有证人，靠的就是一份诚信。即便千山万水、风餐露宿，信差也定会完成所托，这就是承诺的力量。古人对信守承诺的重视，可以从"一诺千金""一言九鼎""一言既出，驷马难追""与朋友交，言而有信""言忠信，行笃敬"等成语或格言获得证明。甚至，不仅平时对人守信，战时两军对阵，依然不改信念。晋文公有一次派兵围攻原这个地方，行前宣布，如果三天攻城不下，即刻退兵。三天后，眼看对方援绝粮尽，只要再过一天就会投降。然而，晋文公坚持退兵，他觉得对人民信守承诺比攻占城池更重要。结果，因为晋文公诚信，对方反受感动，主动献城投降。

长乐先生：所有的假话，早晚都会曝光。

现代社会是全媒体时代，名人或企业说了谎，或者有一些纰漏，就会被媒体层层放大，最后变成一场公关危机。这时候，有的人慌了手脚，矢口否认；有的人沉默不答；有的人嘴硬到底；有的人坦诚认错，争取公众的原谅。以我所见，大众更能接受知错能改的名人或企业，坦诚道歉是心理健全、心灵强大的表现。

星云大师：对未来也要信守承诺，例如遗产信托、传法传位等。古人为了兑现一个承诺，可以耗尽一生的岁月，甚至牺牲生命也在所不惜。反观现在的人，轻诺寡信、不守承诺，于是我们不得不求法于契约、录音、录像、证人、公证、信托等。一个人立身处世，投机取巧只是一时的，唯有信守承诺、笃实行事，才能获得别人永久的信赖。我们常常赞美矢志不渝的爱情，李白的《长干行二首》中的"常存抱柱信，岂上望夫台"说的正是两个人信守爱的誓言，至死不渝的凄美故事。一诺千金重，代表了你做人的分量。

长乐先生：一诺千金，代表了高贵的人格。2006年，浙江省苍南县霞关镇三澳村遭遇超强台风，吴乃宜老人一夜间痛失3子。灾难给这位老人留下了高达80万元的债务。老人变卖了打捞出来的渔船，不顾年迈体弱，坚持种蔬菜、养鸡鸭，一有空就和老伴在家门口织渔网，两三个月才能织成一张网，能卖300多元。历经6年，老人终于把旧债基本还清。我十分佩服这位老人，他身上传承的是我们中华民族的古训：守信。欠债还钱，天经地义。小的时候，父母也是这样教育我的。《论语·为政》中有这样一句话：人而无信，不知其可也。意思是说，人不讲信用，真不知道他打算怎么做。一个人在社会中生活和工作，总离不开与他人打交道，要想做成一件事，更需要他人的支持和帮助，而重诺守信则是维系人心、增进情谊的重要一环。相反，有些人自以为聪明，专门玩弄狡诈欺蒙的手段来达到目的。其实，这种伎俩在健康的社会里是行不通的。《红楼梦》中所说的"机关算尽太聪明，反算了卿卿性命"，就是对这种人的绝妙讽刺。

爱他人，就是爱自己

长乐先生： 600多年前，德国的一位神学家就认识到了人与人之间的微妙关系，那就是个人必须依托社会和他人才能使自身的价值得到体现。他说：如果你爱自己，那你就会像爱自己那样爱每一个人，只要你稍稍不像爱自己那样爱另一个人，你便不会真正地爱自己。而如果你同样地爱所有人——包括自己，你便会把他们当成一个人来爱，这个人既是上帝，也是人。因此，这个人就是伟大、正直的人，他像爱自己一样平等地爱其他所有人。

多年来，我经商坚持的一条原则就是：忠诚于自己的承诺，善待自己的合作伙伴。

合作伙伴多是合作又竞争的关系。有人修改了但丁的一句名言来概括商战的竞争：走别人的路，让别人无路可走。但总结历史经验，我发现，合作共赢比残酷无情的竞争好得多。2008年的时候，金融海啸来临，香港媒体纷纷大幅裁员，香港的亚视一天炒了207个人，一时间人心浮动。这时候，凤凰卫视首先提出要与员工共度时艰，并向员工承诺：一个人也不裁，所有人都加薪。

因为我知道，我和员工是共同创造事业的合作伙伴，是平等、和谐的利益共同体，而不是单纯的雇佣关系，更不是君臣关系、父子关系。

《领导是一种艺术》这本书里讲，公司最好的雇员就像志愿者一样。由于他们能在任何公司找到好工作，因此，当他们选择在某公司工作时，其原因不像工资或职位那样有形。志愿者不需要合同，他们需要（心灵上的）盟约。

我很喜欢这句话，也很赞赏这种心灵上的契约。

星云大师： 能关怀属下的需要，能尊重、提携属下，并为他们解决问题的管理者，才能成为让属下心悦诚服的领导。"给人信心、给人欢喜、给人希望、给人方便"这16个字，是佛光人的工作信条，我也把它送给所有的领导者。能"给"，代表心中有无尽的能源宝藏；肯"给"，才是一种宽宏无私的度量。

长乐先生： 给你心，换人心。我多年领导团队的一条心得就是要和下属同甘共苦。只有同甘共苦，才能让伙伴对你信任。我入伍前没吃过多少苦，刚入伍的时候瘦得像黄瓜一样，戴一副大眼镜。大家都认为我是一介书生，干不了重活。虽然吃力，但我从不偷懒，都是身先士卒。我们不是一般的兵种，是工兵。打坑道、盖大楼，什么活都得学着干。盖楼时，没有大塔吊，都是用两个肩膀把砖头、水泥、钢筋扛上去。我带头往上扛。那时候的伙食就是高粱米、大白菜和萝卜，我吃得比战士少，但扛砖抢进度总在队伍最前面。战士有时候让我少扛一点，我说不行，咱在前面带这个头，大家才能跟上！

星云大师： 50年前，我初创佛教学院，即便像出坡这么一件例行的事情，我都亲自说明意义，并且一同挑砖担水。到现在，想要为我做事情的徒众何止万千，但我不仅未曾以命令的口吻叫人做事，还经常主动地为他们解决问题。听到某个徒众在北部事务繁忙，我便为他主持南部的会议；知道哪个徒众正在主持会议，一时无法结束，我便为他代课教书。我觉得，只有和属下培养出同甘共苦的情谊，才能让属下心甘情愿地跟随。

有些人可能会说：我就是不肯相信别人，因为我怕被人利用。我却说：我个人非常平凡，只要是对大众有利的事，我都甘愿让人利用。如果我的被利用可以让多数人受惠，那我觉得这是很有价值的。世界非只有我一人，事业、光荣非一定要集中在我身上，有用的人才会受到别人的排挤、毁谤，无能者谤从何来？所以，要先相信别人，路遥知马力，日久见人心。

长乐先生：西班牙著名画家毕加索晚年很孤独，有一次，他请一个名叫盖内克的安装工安装防盗网。盖内克坦率真诚，毕加索和他相谈甚欢。这之后，毕加索陆陆续续送给盖内克好多画。盖内克觉得他不应该得到这些宝贝，不想要。毕加索对他说：虽然你不懂画，但你是最应该得到这些画的人，你才是我真正的朋友。

毕加索去世后，他的画作的价格扶摇直上。日子过得非常艰难的盖内克忽然想起毕加索赠给他的画，数一数竟有271幅。盖内克知道，只要拿出任何一幅画，就可以彻底改变自己的生活，但他没有对任何人说起这些画。

2010年12月，一则新闻震惊法国：年逾古稀的盖内克将毕加索赠给他的271幅画全部捐给了法国文物部门，价值达6000多万欧元。盖内克说："毕加索说过，我才是他真正的朋友。是朋友，我就不能占有。我永远忠于我的朋友，现在我把画捐出来，就是为了让我朋友的作品得到更好的保管。"

星云大师：什么是朋友？《佛说孛经》中说"友有四品"："有友如花，有友如秤，有友如山，有友如地。"如花的朋友，在你荣华富贵的时候，把你捧得高高的，当作美丽的花朵插在头上、戴在身上，以增加他的荣耀；等到你遭遇挫折或受难，犹如花朵凋谢了的时候，就把你丢弃在一旁。有钱能买到如花的酒肉朋友，但买不到患难之交。如秤的朋友，在你拥有权力的时候，他会向你低头，奉承你；在你没有权力的时候，他就摆出一副傲慢的样子。如山的朋友，就好比潜藏着各种奇花异草、飞禽鸟兽的大山，他学识渊博、德行兼备，有很多内在的宝藏可以挖掘，和他在一起，能让我们受益。如地的朋友，好比普载着万物、不嫌弃任何众生的大地，不仅蕴藏着珍贵的资源，而且任你走遍天下，不起厌恶之心。所以，如地的朋友能为我们担当一切，丰富我们的生命内涵。所谓"近朱者赤，近墨者黑"，如山如地的朋友要多往来，如花如秤的朋友应当远离。

长乐先生：在任何一个时代，我们都需要真正的朋友和忠诚的伙伴，将心灵真正地交付于他们。真正的朋友，无关酒肉、无关利益、无关高低、无关贵贱，是灵魂的依附，是心与心的通融。真正的朋友，无须相从过密，不用推杯换盏，没有繁文缛节，彼此之间心照不宣。真正的朋友，一杯清水，一句口信，甚至一个念头，便可身心相托。真正的朋友，是能与你"有福共享、有难同当"之人，在你悲伤无助的时候，给你安慰与关怀；在你失望彷徨的时候，给你信心与力量。真正的朋友，是彼此之间推心置腹的真诚相待。

星云大师： 1949年我刚到台湾的时候，在基隆路过一个寺庙，我从窗口向内看去，一位尼师也正望向我。我当时不知道，她正是人称"女中大丈夫"的修慧老法师。30年后，身为基隆佛教会理事长的她主动来找我，要把极乐寺捐给佛光山。极乐寺交通方便，法缘极盛，献寺的消息传来，很多人阻挠。但她力排众议，使极乐寺成为佛光山的分院。我还记得当年80高龄的她献寺的时候高兴地说："啊，我等这一天已经等了30年了，今天我的志业终于有了安顿！"而我，也让她考验了30年！

长乐先生： 人间的事都不是一时就可以成就的，经得起考验，才能酝酿成熟。任何一个"士为知己者死"的故事背后，都一定有一段长长的情谊，没有哪份耿耿忠心是平地而来的。

星云大师： 在《佛光菜根谭》里，我将领导分成四等：一等主管关怀员工，尊重专业；二等主管信任授权，人性管理；三等主管官僚作风，气势凌人；四等主管疑心猜忌，不通人情。身为领导者，若能有知人之明，且能推心置腹地信赖、尊重下属，凡事多体恤、多包容，下属就会因为受到赏识、重用而心悦诚服，甚至还会萌生"士为知己者死"的忠诚呢！

信仰自己的事业

长乐先生：信仰是心灵的产物，是个人的意识行为。一个人可以信仰宗教，信仰某种精神追求，也可以信仰金钱或及时行乐。对大多数人来说，你所从事的事业也是需要信仰的，需要心灵的投入。

有人说，这个世界就是一个游戏的世界，你想要加入某场游戏，就必须遵守游戏规则。你如果不遵守规则，就会被淘汰出局，因为你丧失了参加游戏最起码的资格。

世界也许看起来很温和，但有时也很残酷。一个充满战斗力的团体，必定是一个有严格秩序的团体，因为只有这样，才能确保行动的一致性和协调性。任何一个团队都必须有一个核心，这是确保团队不涣散的根本所在。第二次世界大战时，美国著名将领麦克阿瑟曾说过："士兵必须忠诚于统帅，这是义务。"所以，对企业员工来说，忠诚与能干是最重要的。

星云大师：世人觉得修行者洒脱，其实佛教中的戒律比俗世更多。佛法僧若没有严格的戒律和规矩，也难得今天的规模。这样的道理，无论僧俗，都是一样。鸬鹚从河里叼住一条鱼。鱼说："你如果肚子饿，我宁愿让你吃了。可你辛苦半天，结果自己只能吃一小部分，大部分都被你的主人拿走了。而且，在你捉鱼时，你的主人怕你把鱼吃了，用铁丝勒住你的喉咙，太残忍了！"鸬鹚听了，丝毫不为所动地说："我不会上你的当！虽然我现在捉的鱼多，吃的少，但到了冬天，江河封冻，我捉不到鱼，主人照样饲养我，我才不至于饿死！"

长乐先生： 在蜜蜂的世界里，有着森严的等级秩序。蜂王永远是高高在上的，所有的工蜂必须忠诚于自己的统帅，因为蜂王有着对整个蜜蜂世界来说最重大的责任，那就是繁衍后代。对企业而言，员工必须忠诚于企业的领导者，这也是确保整个企业能正常运行、健康发展的重要因素，但前提是领导者必须是值得效忠的。如果企业的领导者自私自利，利用企业为自己谋私利，这样的领导者就不值得你付出忠诚。与老板共进退，你才是下一个老板。一味只知道从组织里占便宜、索取的员工永远成不了老板。

星云大师： 诸葛亮在祁山与魏军作战，为了生养兵力，定期分送士兵返回国内休息。后来战争越发激烈，有人建议暂缓送兵回去。诸葛亮坚守对士兵的承诺，因而感动士兵，他们主动回营，奋勇作战，终于取得胜利。

长乐先生： 现代企业的生存所面临的压力越来越大，一个主要原因就是人员的频繁流动。这种高流动率被一些管理理论家认为是忠诚度下降的表现。虽然每个人都有权利寻求最适合自己的工作以及最佳的工作环境和工作状态，但这的确为企业的发展带来了不少负面影响。一家著名的图书销售公司的人力资源部经理说："我最担心的一件事就是，我们辛辛苦苦为企业培训的员工转身就跳槽了。"员工对企业不忠诚，不仅会给企业带来相当大的负面影响，而且会影响到他个人的道德信度，没有哪个公司的老板会用一个对自己公司不忠诚的人。你以为你会得到很多，其实你失去的会比你得到的更多，而且你失去的将永远找不回来。

星云大师： 从政的人信守承诺，才能取得人民的信任，才有办法推行政令；居上位的人信守承诺，才可以激发属下效忠的斗志。此理古今不变。

长乐先生： 盖洛普公司在2011—2012年对全球雇员对工作的敬业程度进行了

调查。调查通过让受访者回答12个问题，将受访者的敬业程度分为敬业、漠不关心和怠工3个等级。结果显示：全球员工敬业的比例仅为13%。中国最低，只有6%；常被认为勤勉的日本人和韩国人，敬业率也分别只有7%和11%；敬业率最高的3个国家分别为巴拿马（37%）、哥斯达黎加（33%）和美国（30%）。2011年，中国员工的敬业度比全球平均水平低15个百分点，仅为51%，也就是说，两个中国员工中就有一个不敬业。

中国人留给世界的印象应该是勤劳的，我们不停地工作，即便在法律规定的禁止工作的周末和深夜，我们也仍在干活，凭啥说我们不敬业啊？但我想，辛苦、勤劳和敬业这3个词的含义是不一样的。辛苦的中国人、勤劳的中国人，不一定是忠诚于事业的敬业者。辛苦可以是被迫的，但敬业一定是主动的，是发自内心的，是不受外力约束的。

一个人怎么看待自己打的那份工？我觉得可以分为4个层级：不喜欢、喜欢、热爱和信仰。只有热爱自己的事业，才能敬业；只有信仰自己的事业，才能忠诚，才能收获属于自己的成就！

星云大师：在宜兰仁爱之家服务的依融、绍觉法师，为了一句承诺，40年来任劳任怨，不曾动念调职。这已经不仅仅是因为热爱，皆是因为信仰。视己身为芥子，服务于大众，这样的坚持是多大的功德啊！

长乐先生：大师讲得好，视己身如芥子。我们不肯付出，不肯奉献自己于事业，归根结底还是因为我们把自己看得太重，不能把自己融于大众中、大千世界中。奉献是一种真诚、自愿的付出行为，是一种纯洁、高尚的精神境界。无论时代发生怎样的变化，奉献精神永远熠熠生辉、光耀人间，永远是鼓舞和激励员工奋发向上的巨大力量。

星云大师：记得过去有一部日本影片，讲述孙悟空修行的过程。唐三藏对孙悟空说："你若要随我学道，必须天天站在同一个地方100天；站过以后，跪在那里100天；跪过以后，举起双手100天；举过以后，浸到水里100天；浸过以后，身边烤火100天……要经过这许许多多的考验，我才教你佛法。"孙悟空听了，就依照唐三藏讲的话，100天站着不动，100天跪地不起，100天高举双手，100天浸在水里……经过了1个100天、2个100天、10个100天……孙悟空熬过了所有的100天，这时，他也成道了。

长乐先生： 时间是最公平的，世界上总有这样一些人，他们持之以恒、年复一年地坚持做一件事。古往今来，许多著名的艺术家、科学家都是如此，人类社会发展的许多重要的具有推动性的成果和精彩瞬间都出自他们。也有一个流行的说法：你每天下班后的时间决定你的人生高度。比如，我有一个爱画画的朋友，工作是金融，32岁的时候重拾旧爱，每天下班练画两小时，去年她开了自己的个人画展。

星云大师： 我们大多数人，正因为没有经历孙悟空这样的历练，才会禁不起、耐不住，在太多的理由、太重的自我中迷失了自己。每个人都希望自己成功，学业、事业、养儿育女皆能有成。常言道大器晚成，许多成功不是一蹴而就的，就是一棵树，也得经过几十年的风吹雨打方能长大。所谓"十年树木，百年树人"，任何一项事业，若经不起时间的磨炼，要有所成就很难。我送各位奋斗者《佛光菜根谭》中的一段话：

人格的可贵，是在功名富贵之外；

物质的可爱，是在赠者情义深长。

人格，建立在"不自私"三字；

成功，奠基于"不苟且"一语。

找回你的真心

佛在灵山莫远求,灵山只在汝心头。

人人有个灵山塔,好向灵山塔下修。

你的心在哪里?

星云大师: 各位读者,你们此时身在这里,你们的心也在这里吗?你们的心住在哪里?《金刚经》里说:心住在五欲六尘里。欲,梵语是chanda或raja,是指对某样东西产生的希望或欲求。五欲就是财、色、名、食、睡5种欲望。财,指世间一切的金钱财宝;色,指世间的青、黄、赤、白及男女等色,能使人悦情适意;名,指世间的声名;食,指世间的饮食;睡,指睡眠休息。

长乐先生: "梦里不知身是客,一晌贪欢"。人一出生,就努力睁开眼睛看外面的世界。你看到五颜六色,尝到酸甜苦辣,开始沉迷于金钱带来的享受,开始追求功名利禄,越长大,见到的世界就越丰富,看得越多,想得到的就越多。然而,你可曾向内观照?你可曾看清楚自己的心?如果我今天告诉你,你所追逐的这个世界不过是你的一个梦幻,你还会这样活、这样争、这样过一生吗?

星云大师:《大智度论》中说:"五欲无益,如狗咬骨。"又说:"五欲烧人,如逆风执炬。""诸欲乐甚少,忧苦毒甚多,为之失身命,如蛾赴灯火。"这个五欲的世界,真的好像一场梦啊。还有六尘——色、声、香、味、触、法，它们是能引起我们的感官与心灵感觉的对象。五欲六尘都不是好东西，可是我们的心天生就爱五欲六尘，爱这浮云无常的花花世界。

长乐先生：佛教认为，五欲六尘就是残害我们的心的、来自外界的魔障。在日常生活里，与我们的心最相伴相随的，便是五欲六尘。色，指万物的颜色和形状；声，指声音；香，指嗅觉；味，指味道；触，指触觉；法，指意识。我们的心就是通过这些通道和世界连接。

星云大师：六尘使我们心中涌现好、坏、美、丑、高、下、贵、贱等不同的认识，于是我们就有了种种烦恼。它们令善心衰减，劫持一切功德，它们其实就是烦恼的来源。

长乐先生：所谓"色不迷人人自迷"，色本身并没有善恶之分，是我们的心"情人眼里出西施"。南唐后主李煜在词里感慨："梦里不知身是客，一晌贪欢。"我们从出生就开始执着，你的我的，争个不休。其实，今生也许就是一种流放，就是处在一个大梦的状态。我们看电影、享美食，认识很多朋友，其实这些只不过是梦里的贪欢而已，因为我们不知道将来各自要到哪里，或许仅仅是"白茫茫大地真干净"。

佛教列出我们的心所贪恋的五欲六尘，不是为了让我们断绝它们，那是不现实的，只是为了不断提醒我们，不要过度贪恋，不要让我们的心被虚幻的世界所眩惑，陷入烦恼的泥淖。我们需要找回自己的真心。

星云大师：苏东坡在瓜洲任职的时候，与一江之隔的金山寺的住持佛印禅师交往很深。有一天，苏东坡写了一首诗，遣书童送过江去，请佛印禅师评点。诗是这样写的：稽首天中天，毫光照大千；八风吹不动，端坐紫金莲。意思是说：我的心已经不再受到外在世界的诱惑了，好比佛陀端坐在莲花座上。诗中的"八风"是指人们生活中常遇到的"称、讥、毁、誉、利、衰、苦、乐"8种境况。佛印看了诗，笑而不语，信手在上面批了两个字，叫书童带回去。苏东坡打开一看，见上面写着"放屁"两个大字，恼怒不已，立马乘船过江去找禅师理论。此时，禅师已站在江边等他。苏东坡一见禅师就气呼呼地说："禅师，我们是至交，我的诗，你看不上没关系，但你不能侮辱人呀！"禅师平静地说："我什么时候侮辱你啦？""这不是侮辱人是什么？"苏东坡说。禅师顿时哈哈大笑，道："还'八风吹不动'呢，怎么'一屁就打过江'了呢？"

长乐先生：苏东坡算是有佛缘的大智慧者，他的心也会被五欲六尘的世界牵绊住，产生烦恼。但我猜想，苏东坡在这件事后一定受到了深深的触动，不然，他一生宦海沉浮、仕途坎坷，最后何以能心静如水、豁达乐观呢？苏东坡把心中的烦恼称为"八风"——称、讥、毁、誉、利、衰、苦、乐，我觉得这和佛教的五欲六尘有相通之处。无论是财、色、名、食、睡这五欲，还是色、声、香、味、触、法这六尘，它们之所以造成祸害，并不是因为其自身不净，而是因为人心愚痴无明、贪爱染着。好比拳头本身是没有好坏的，但用来打人，就是坏事，必须立刻阻止；用来捶背，就是好事，多多益善。正所谓"法非善恶，善恶是法"。所以，我们每天生活在五欲六尘中，应该抱有一种不贪不拒的中庸态度，像苏东坡一样时时反观自省。

星云大师：《大般若经》中说，身病有四，谓风、热、痰及诸杂病；心病亦四，谓贪、嗔、痴及慢等病。身体的病好治疗，心病才麻烦，我们要找回自己的心谈何容易？！心理的病要用心理的药治疗，诸如焦虑、恐慌、紧张、忧郁、嫉妒、迷失、妄想、幻觉、思想偏激、颠倒错乱、懈怠、懒惰、孤僻等，像魔鬼一样，平时盘踞在我们心里，随时伺机扰乱我们。依佛教讲，八万四千烦恼就是八万四千种病，而这些心理病中的第一兵团是"贪欲"，第二兵团是"嗔恚"，第三兵团是"愚痴"，第四兵团是"我慢"，第五兵团是"疑忌"，第六兵团是"邪见"。贪、嗔、痴、慢、疑、邪见，属于六大根本烦恼。其实，我们心里的烦恼魔军很多，但统帅只有一个，就是我们自己，叫作"我执"。

佛是不外求的，只求自己内心。比如你给我香烟吃，我不吃，因为佛不会这样；你给我酒吃，我也不吃，佛怎么会喝酒？在这个地方——玉佛殿，我们会问，佛陀在哪里，到哪里找？我88岁，出家76年，找佛陀找了76年。佛陀在我心里，我吃饭他也吃饭，我走路他也走路，原来我们每个人都和佛生活在一起，只是自己不知道。

贰
找回你的真心

修养到最高境界，人人都是菩萨。

比方说你心怀慈悲，慈悲就是修养；你不生气，一团和气，也是修养；你不去跟人计较得失，不计较更是修养。慈悲、随和、不计较，都是我们的修养之道，看大家奉行到几分。

长乐先生： 一个修行者路过一片荒野，见有一小亭，于是在此过夜。半夜时，来了一只小鬼，手拖一具尸体。修行者吓得躲在一旁窥视。不久，又来了一只大鬼，硬说那是它的尸体。两只鬼互相争论起来。经过一阵争论，大鬼说："我们不要争了，还是请位证人来评判吧！"二鬼一齐对修行者说："你出来！这具尸体是属于谁的？"修行者左右为难，但他想到自己是出家人，不能打妄语，于是说："我看到是小鬼先拖着尸体进来的。"大鬼大发脾气，把修行者的四肢吃了，扬长而去。小鬼一看，立刻将尸体的四肢取下，补在修行者的身上，使身体完好如初。

这离婆多四肢完好如初后就去问佛："我到底还是不是原来的我啊？"佛说："人的身体是由四大假和合而成的，五蕴非有，不是真实的。"于是，他豁然大悟，顿证阿罗汉果，所以他的名字译为"假和合"。你看，连人的身体都是假的，所以我们要把它放下，能把假的放下，便能找到真的。

生命不过是物质、精神两要素在一定时期内的因缘和合，这就是"我"。其实"我"不是"我"，"我"每分钟都在变化，从物质上看，眼、耳、鼻、舌、身时时刻刻在排泄、变化；从心理上看，后念甫生，前念已灭，所谓"刹那刹那，念念之间不得停住"，正所谓"恒转如瀑流"。活动即生命，正如我们在《修好这颗心》的开篇中所讲，"逝者如斯夫，不舍昼夜"，这就是人生的真相。佛以为，在这种无常的世间法中，绝对不能发见出真我。既已无我，当然更没有我的所有物，所以，佛教极重要的一句格言曰："无我无所。"

聪慧是天赋，正直是选择

星云大师：佛教，有人说它是宗教，有人说它是学术。我看，说它是宗教也对，是学术也对；说它不是宗教，不是学术也对。它是一种修养，是一种无形的东西，本来无一物，都是假名假象。我们现在提倡人间佛教，用例子讲道理，让大家听得懂。

一位禅师在路上看到一对夫妻吵架，太太骂先生不像男人，先生就讲，再讲我就打你。太太说，我就是要讲你不像男人，你打。先生讲，再讲我就杀你。太太还是不怕，说我就讲，你杀你杀。禅师大叫："精彩！精彩！现在要杀人了，要杀人了哦！"

于是，大家就围过来看热闹。有人说："喂！和尚，穷嚷嚷什么？人家夫妻吵架，你不劝架倒也罢了，怎么能幸灾乐祸呢？"

禅师说："我不是幸灾乐祸，他们死了以后，我好替他们念经。"

那对夫妻不吵了，过来听禅师在说什么。禅师看他们夫妻不吵架了，就开示他们："再厚的冰块，太阳出来也会融化；再生硬的饭菜，熊熊的火焰也能将它煮熟。夫妻之间要像太阳一样温暖对方，要像一把火，热热地融化对方，让对方成熟，互相敬重才好。"

这就是人间佛教。

贰
找回你的真心

长乐先生：佛教讲世界是无常的，个体是无我的。那大家说了：这样说来，佛教岂不是讲厌世主义？佛当然不厌世，厌世何必创教？佛给出的最高理想是涅槃，也就是解脱，或者说，就是现在大家都追求的"自由"。所谓自由，不是指物质世界里想干啥就干啥，不是天天不上班自由自在去玩，不是财务自由、金钱自由、时间自由，财务、金钱、时间都很自由的人仍有可能感觉被束缚。真正的自由是恢复"心"自主、自在的地位。再详细点说，就是自己解放自己，这就是我和大师今天讨论的话题——通过修养，解放我们的心。

星云大师：桌子坏了，要修补一下；房子漏水了，要修补一下；人心不健全，也要修补一下，这就叫修养。你问我什么叫有修养，有修养的人有一种浩然之气，不惧生死；有修养的人不要求别人，总是要求自己；有修养的人总在反思自己，俯仰无愧于心。

长乐先生：孟子说："人有不为也，而后可以有为。"修养可以有几种解读方式，儒家把修养解读为修身、齐家、治国、平天下。孟子说：故天将降大任于是人也，必先苦其心志，劳其筋骨，饿其体肤，空乏其身，行拂乱其所为，所以动心忍性，曾益其所不能。这都属于修身之道。梁启超先生有一篇关于佛学的修养问题的论述，他说众生的根器各各不同，应该因地制宜，随缘对治，但不外乎两种解脱。一是慧解脱，即从智识方面得解放；二是心解脱，即从情意方面得解放。换句话说，人要立下决心，自己不做自己的奴隶。人在襁褓里是没有"我"这个概念的，身体渐渐成长发育，便知道了"我"，自此事事以"假我"为本位。一切活动，都成了假我的奴隶，享口舌之欲，追求美色，精神上渐渐被束缚。

星云大师：在世俗里，若有人劝你打牌赌钱，你如不打，他就会说你消极；劝你吃喝跳舞，你如不应邀，他就会说你懈怠。修学菩萨道的圣者，为了度众生、了生死，其积极精进的精神，实在不是一个非佛教徒所能知道的！

在世间，无论做什么事，非要有大雄、大力、大无畏的精神不可，我人在社会上兴办事业，在佛法里修学道业，所遭遇到的障碍、磨难一定很多，如果犹豫不前或稍一懈怠，就会一事无成。所以，精进为降魔的根本。

所谓精进的主旨，就是要我人未生的善心令速生，已生的善心令增长，未生的恶念令不生，已生的恶念令速断。这个世间是佛与魔的世间，精进的可以成佛，懈怠的堕入魔界。

观世音菩萨"三十二应遍尘刹，百千万劫化阎浮……千处祈求千处应，苦海常作度人舟"。没有精进的精神，何能做到？地藏王菩萨"地狱未空，誓不成佛；众生度尽，方证菩提"。这不是大仁大智的精进精神吗？

长乐先生： 阿难说：以欲制欲。意思就是说，别被小欲束缚住，因为前面有无限的大欲，所以要"勇猛""精进"。悲观主义者虽然看透了一切，但仍能保持清醒，勇往直前。我觉得释迦牟尼佛就是一个悲观主义者，可是他的大雄宝殿上题了四个字，就是大师刚刚讲的"勇猛精进"。悲观主义者止步，继而起舞，这就是人类最可贵的悲剧精神。所以，我常说，人要有大志向、大格局，才不容易被小欲所牵绊、烦扰。

星云大师： 什么是大欲？比方说，国家有事，我要勇于赴难；社区有需要，我站到前面去。沽名钓誉、自私自利的人是不会有修养的，因为他时时想着的都是小欲。有修养的人心中装着大众，没有自己；有修养的人把别人的利益看得比自己重要，心怀慈悲，融和爱人，勇猛精进。

长乐先生： 人为什么会有小欲？还是因为我们的心住在五欲六尘里，因此产生了"我"的假象，于是便有"我痴""我慢"，从而令自己生出无限苦恼。其实这都不是合理的生活，因为"他所缘境界非常真实，违逆众生心"。心沉迷于五蕴中，闹到内界精神生活不能统一，不明真理，佛家叫"无明"。我们如何才能脱离无明？要靠智慧去胜它，最关键的一句话是："转识成智"，就是戒定慧。

星云大师： "无明"是什么？你疑心猜忌，它就有机可乘；你做人傲慢、偏激、执着、自私，你相信谣言、喜欢听是非、没有主见、自我否定，就会被人牵着鼻子走。心病，只能靠自己去努力克服。医生可以开药方给病人，但不能勉强病人吃药，病人若不吃药，病就永远也不会好。药方是什么？就是总裁说的戒定慧。

长乐先生： 有弟子问佛陀："您在世时，我们认您做老师，您涅槃以后，我们找谁做老师?"佛陀答:"以戒为师。"

星云大师：戒，就是原则。

定，就是修养的功夫。过去有个人喜欢养斗鸡，专门找了个高人帮他训练鸡。训练了一个月，鸡特别勇敢，主人很高兴，可高人说还没成功。第二个月，鸡慢慢不动了。到了第三个月，高人说大功告成。主人看着一动不动的鸡有点疑惑，就抱了隔壁的斗鸡来试验，没想到其他的鸡看到高手训练的鸡都非常害怕。不战而能屈人之兵，这就是定，不是简单的匹夫之勇。

慧，就是智慧，也可以拓展为思想、学术、灵巧。待人处事，你不能不明理。智慧是光明，是你心里的灯光，是排除怒火、贪婪、嫉妒等不良心态的光芒。

人生三苦——贪、嗔、痴，确实不容易降服，道高一尺，魔高一丈，贪嗔痴是烦恼的魔王。要降服它们，就要靠修养，靠年复一年的修养。如何修养？就是戒定慧，戒定慧是降服这些烦恼的法宝。

长乐先生：贪、嗔、痴是三毒，戒、定、慧是三学，用三学来对付三毒，总结为一句话就是："勤修戒定慧，心灭贪嗔痴。"勤修的过程就是修养的过程，从戒定慧升级到八正道。也就是说，正见和正思维属于慧的过程，正语、正业、正命属于戒的过程，正定、正念属于定的过程，正精进属于保驾护航的过程。八正道的看法，是修行的升级。

星云大师：古人养名，佛门养心。戒定慧综合起来讲，就是养心。心里有分寸，就是持戒、定念；心里有慧，就是智慧。八正道也好，戒定慧也好，都是用来行灭贪嗔痴，抵御烦恼和外界诱惑的。它使心归于平静、平等。我们的心像国王，可以下命令，叫眼睛看什么、耳朵听什么、嘴巴说什么。心跳动不停，就会生烦恼，时好时坏。所以，一个人一天中可能上好几次天堂，也下好几次地狱。所以，我们要自省，要禅定。

长乐先生：斯里兰卡的西尔瓦大师写了一篇文章，叫《佛教的心智修养—内观》，其中讲到，我们的心本来是很静的，人性本善，后来由于受到外部世界的蒙蔽，我们的心就被污染了。物质越发达的当代社会，这种情况就越严重。书中还谈到了内观的方法，叫"四念住"，就是身念住、受念住、心念住、法念住，用这样的修行来消除外部世界对心的影响。

星云大师：内观是很重要的修行方法，不管是身还是心，讲的都是自省。心若住在六尘中，就不安分，像猴子一样东跳西跳，所以我们要控制自己的心。怎么控制？自省一出，无事不成。要控制我们的心，就要把它定在道德上、学问上、慈悲上，用在做好事上，时间长了，般若心、慈悲心、忍耐心自出，当然无事不成。

长乐先生：唐朝时，弘忍大师有弟子500余人，翘楚者当属神秀法师。神秀在院墙上写了一首偈子："身是菩提树，心如明镜台。时时勤拂拭，莫使惹尘埃。"意思是，要时时刻刻去照顾自己的心灵，通过不断的修行来抵御外面的诱惑和种种邪魔。当庙里的和尚们都在谈论这首偈子的时候，厨房里的一个火头庐行者，就是后来出家的慧能大师听到了。慧能又作了一首偈子："菩提本无树，明镜亦非台。本来无一物，何处惹尘埃。"慧能是个有大智慧的人，他这首偈子很契合禅宗顿悟的理念，体现出一种出世的态度。偈子的意思是，世上本来就是空的，看世间万物无不是一个空字，若心本来就是空的，就无所谓抵御外面的诱惑，任何事物从心而过，都不留痕迹。这是一种很高的禅宗境界，领略到这层境界，就是所谓的开悟了。

星云大师：五代的时候，有个人买了一双鞋，大家都称赞说好漂亮，问多少钱。有个买过同样鞋子的人就很生气，把卖鞋的人叫来问："为什么你卖给我的价钱是别人的两倍？"前面的人慢慢把脚抬起来，说："我刚才只说了一只鞋的价钱，两只鞋加起来的价钱和你的是一样的！"你看，生气的人心急，修养不够，其实根本不用生气。修养就是把事情看清楚，把是非看清楚，不随便冲动。

长乐先生：有的人性格比较绵软，总是让着别人，别人就会觉得他好欺负。其实，这不是好欺负，是慈悲，是不计较，是修养。你不生气，对社会也有贡献，因为你没有给社会增添戾气，而是赠献了一团和气，于人于己都是福。我们平时出门，常常莫名其妙"触霉头"，因此格外生气。举个例子：王先生早上起来打出租，被拒载，很生气。出租车司机老李为什么拒载王先生？原来他也在生气，因为儿子小李的老师让他一大早去学校。小李的老师又是谁？原来是王先生的老婆，她昨晚和王先生打了架，把气撒在迟到的小李身上。是不是很有意思的联系？其实，只要这个圈子里的任何一个人不生气，变生气为和气，一切就都会改变！

星云大师：我再多说一句，真要有气也别憋着。佛陀也生气，但佛陀生气要看为了什么，为了自己的利害得失，没有生气的必要；如果是为了大众，有时候怒发冲冠也是一种高尚的品德。

长乐先生：有时候我在工作中也会发脾气，还好员工们对我很理解，知道我是刀子嘴豆腐心，经常手举得很高，放下来很轻。后来我自我反省，觉得还是因为我的心的品级不够高，要继续修行。人的心是有品级的，最高档的心是"四颗心"，就是敬畏之心、慈悲之心、感恩之心和宽容之心。所谓有敬畏之心，就是要有信仰，没有敬畏之心的人是可怕的。我曾到过孟买的一个著名的小庙，每次参拜都要从一个很小的门进去。那门高1.5米，宽40厘米，任何人进去都要弓着腰，每钻一次就敬畏一次，它在教你要低头。

星云大师：慈悲心就是修养，时时给人欢喜；慈悲心就是仁爱、仁慈，广结善缘。通俗讲，就是"三好运动"——做好事，说好话，存好心；"四给"——给人信心，给人欢喜，给人希望，给人方便；"五和"——自心和悦，家庭和顺，人我和敬，社会和谐，世界和平。

有一次，颜回看到卖布的人和买布的人吵架。买布的人说："三八二十三，你为什么收我二十四钱？"颜回上前劝架说："是三八二十四，你算错啦！"买布的人指着颜回的鼻子说："你算老几？我只听孔夫子的，咱们找他评理去。"颜回问："如果你错了，怎么办？"买布的人说："我把脑袋给你。如果你错了，怎么办？"颜回说："我把帽子输给你。"两人找到孔子。孔子问明情况，对颜回笑笑说："三八就是二十三。颜回，你输了，把帽子给人家吧。"那人拿了帽子高兴地走了。颜回想老师一定是老糊涂了。这时，孔子告诉颜回："说你输了，只是输一顶帽子；说他输了，可是输一个脑袋啊！你说帽子重要还是头重要？"颜回跪在孔子面前说："老师重大义而轻小是非，学生惭愧万分！"

孔老夫子这种做法，就是不争一般的是非得失，用智慧解决纷争，用修养处理问题。

长乐先生：我这里有一个例子。安徽人王二玲的丈夫去世了，欠了170万元的债，其中有30余万元没有欠条。如果王二玲以此为理由，拒绝还这30万元，别人也说不出什么，但王二玲说："给我几年时间，我一定把所有的债都还清。"她把家里值钱的东西全部卖掉，每天吃咸菜，含辛茹苦地打工挣钱，一笔笔还清丈夫的欠账。按照惯常的想法，债主是要盯着欠债人的，生怕自己的钱要不回来，但王二玲还债的真诚与坚定把债主们都感动了。丈夫欠淮北的建材商曹先生4.5万元，王二玲多次给对方打电话，说一定会还上这笔钱，但对方就是不肯要，后来连对方的电话都打不通了。王二玲晓得，这笔钱人家是坚决不要了。

2013年清明节前，还清了全部欠款的王二玲带着一束鲜花，来到丈夫墓前说："你可以安心了。"她用诚信取信于世界，为丈夫和自己赢得了尊严。

星云大师：有位教授带着小儿子到市场去买水果。在水果摊上挑选水果时，小贩很不耐烦地说道："先生，你到底买不买？不要这样挑来挑去的。"教授礼貌地回道："要买！要买！"接着，他把挑好的水果交给小贩，并问："多少钱？"小贩爱理不理地说："这很贵的，你买得起吗？"教授依然谦虚地回答："买得起，买得起。"说着，他把钱递给小贩。在回家的路上，小儿子便问："爸爸，您是教授，今天为什么让小贩如此吆喝？难道您一点也不生气吗？"教授回答道："待人有理、谦虚、礼貌是我的水准，无礼、势利是小贩的水准，我不能因为一个粗鲁的人而破坏自己的水准。"

长乐先生：要想获得自由，最关键的就是要获得心灵的解脱。怎么解脱？首先要自我觉悟，有"我要找回我的心"的自觉。其次要有大欲。老子说："故以身观身，以家观家，以乡观乡，以邦观邦，以天下观天下。"大师做事，以大众为上；凤凰卫视做媒体，为全球华人服务。诸位的大欲是什么？大欲帮助你忘记"我"，放下"我"，一步步脱离五欲六尘，从烦恼中找回你的心。最后要内观自省，持之以恒。修养不是一两天就能提升的，甚至不是一两代人可以提升的。

人生苦短，别人怎么折腾，你无可奈何，但自己千万别再折腾自己，要学会放过别人，也放过自己。不争一般是非，只认自己心中的那杆秤。

星云大师：知行合一不是说起来那么简单的。一个人装电灯，电工帮他装好了，要价200块，这个人觉得贵，两分钟就要200块？电工说："你看我只用了两分钟，但我花20年才学会干这活。"知易行难，要找到自己的心，必须经历各种苦难，苦尽则甘来，甘来则明心，明心则见性，见性则成佛。

人性之美从心灵的诚实而来

长乐先生：兄弟二人立志修道，无奈父母年迈，一直未能成行。某日，一高僧路过，兄弟二人要拜其为师。高僧道："舍得，舍得，没有舍哪来得？你二人悟性皆不够，10年后我会再来。"说罢，高僧飘然而去。哥哥顿悟，手持经书决绝而去。弟弟望望父母，终不能舍弃。10年后，哥哥归来，口诵佛经，仙风道骨。再看弟弟，弯腰弓背，面容苍老。高僧如期而至，问二人收获。哥哥说："10年内，我游遍高山大川，走遍寺庙道观，背诵真经千卷，感悟万万千千。"弟弟说："10年内，我送走老父老母，病嫂身体康复，幼妹成家立业。但因劳累，我无暇诵读经书，恐与大师无缘。"高僧微笑，收弟弟为徒。哥哥不解，高僧道："佛在心中，不在名山大川；心中有善，胜读真经千卷；父母尚且不爱，何谈普度众生？舍本逐末，终致与佛无缘。"

星云大师：一个人的生活，首先要注重的是物质生活。当物质生活具足了以后，我们还需要精神生活，精神生活有了以后，还要追求艺术生活，因为生活中要求真、求善、求美。当一个人确实有了艺术生活之后，他还想要超越而向往宗教的生活。各种宗教对人间的某些看法总不会完全一样，就拿佛教教主释迦牟尼佛来讲：2500年前，他在菩提树下金刚座上觉悟了，他觉悟后的第一个念头就是要去涅槃。所谓涅槃，就是让自己住在一个安静的世界，不活动也不教化众生。为什么呢？他说：我现在所觉悟的道理和人间的道理都是相反的。世间一般人所有的，不管是形相上的有还是物质上的有，都是幻有、假有；我所觉悟到的本来面目、真如自性，是真实的实相、真实的有。

长乐先生：人类是被神抛到这个世界上的孩子。从降生到这个世界上的那一刻起，我们就开始寻找回家的路。思乡情结、对家的爱恋都是人类情感中不可或缺的部分。随着年龄的增长，随着阅历的增加，你是不是离家越来越远？回家的路到底在哪里？抛开国籍、民族、文化、宗教，我想说：让人类共同认可的真善美带我们的心回家。美以真为前提，善则是更加广谱性的追求，真是美和善的原点。中国道家追求真，老子的全部学说可以用4个字来概括：返璞归真。老子说："道生一，一生二，二生三，三生万物。"道是决定世界的第一性的东西，人们对真理的认识，就是对道的认识。王弼说："道不违自然，乃得其性，法自然也。法自然者，在方而法方，在圆而法圆，于自然无所违也。"所谓"道不违自然"，就是主张纯任自然，不假人为。

星云大师：这有一张桌子，我问这是什么，人们会说是桌子。错了，你们被假象所迷，没有认清真相。木材是桌子的真相，木材做桌子是桌子，做椅子是椅子，怎能单说此木材是桌子？再问这是什么，如果你们说是木材，还是错，因为木材的真相是山中的大树。那么，它的真相是大树了？也不对，是种子，因为它结合宇宙万有的因缘才成为桌子。故从"万有的因缘"来看，就用这个"空"字来形容，所以真空才能妙有。

长乐先生：真者，非假也。真者绝对独立，永恒存在，是"万变不离其宗"的"宗"，是我们永恒追求的真理。善者，非恶也。善者，原人之初也。意识向上，皈依真理，公而无私。美者，非丑也。真美者，令人向往追求，具有永恒的吸引力。

《涅槃无名论》中说："玄道在于妙悟。妙悟在于即真。"这里的"真"是真如之意，是佛家追求的最高真理。但是，佛家的真和道家的真是不同的，道家的真是道，是创生世界而又决定世界的东西，是世界的本质和本原，是真正的真；而佛家则认为世界是因缘和合生成的，没有创生世界并高于世界的东西。所以，佛家认为，真就是世界本身，而不是生成世界的东西。佛教所践行的普度众生的宏愿，都包含着善的根芽。可以说，善是所有佛法修炼者的共同准则。但是，佛教只把善当作一个过程，而不是当作终极目的，终极目的是要通过行善而到达佛家天国，即要实现美。

星云大师：波罗奈国有位大富长者，结婚多年，他的妻子终于产下男婴。七天后，长者施设美膳，礼请全国有名的相师为新生儿取名。相师问："这个孩子受胎时，有什么祥瑞的感应吗？"长者答："受胎时，他的母亲自然和善，无嗔。"于是，相师为孩子取名为"善求"。

善求两岁时，母亲生下他的弟弟。初生儿形体丑陋，稍不遂其意，即愤怒号哭。长者立刻派人延请相师前来。相师问："这个孩子受胎时，母亲有什么异样吗？"长者回答："他的母亲怀他时，性情变得暴躁易怒。"于是，相师为孩子取名为"恶求"。

直到两人成人，父母为了让他们学会独立，要兄弟二人各自带着500侍从入海求索宝物。途中，善求不幸遇到盗匪，被抢走了车骑、财物和所有粮食。众人饥渴交迫，跪着祈求树神的救济。树神现身说："由于善求平时仁和慈悯，因此神祇感应到了你们的求助。只要你们折去我身上的枝叶，所需当出，满你们所愿。"善求折去一枝，美饮流出；折第二枝，种种食出，百味具足；折第三枝，出诸妙衣，种种备具；折第四枝，种种宝物，悉皆具足。众人在跪谢树神的恩德后，踏上返乡的路。

后到的恶求看到哥哥获得如此充足的财物，心想：这棵树的树枝能出种种好物，更何况它的根呢！于是，恶求令人砍伐树。当树倒地，恶求及众人兴奋地挖掘树根时，500罗刹涌地而现，取此恶求等心肝骨髓，啖食无存。

善求、恶求，都是我们这颗心，一个是清净满月，一个是阴霾黑暗。如天上之月，有时新月如钩，有时一川银焰。月体始终一如，毫无亏损，只是浮云覆盖，令满室暗淡。

善求感恩树神出美饮甘露、百味食馔、上妙香衣、珍稀宝物。恶求伐树掘根，使他丧命的不是恶面罗刹，而是他内心的罗刹鬼怪，早就噬尽他的良知、他的道德。有感恩之心的人，就是持戒清净的人，他们少欲自足，惭愧正观，活在感恩的心灵净土中，昼夜饮食饱满，香衣披戴，璎珞珍宝庄严身形，所求皆办，悉无贫乏。

长乐先生：《梵网经》里有这样一句话很打动我："一切男子是我父，一切女人是我母。"这真的是大善，也是大美。《弟子规》中讲："亲爱我，孝何难；亲恶我，孝方贤。"真善美是拔除个人烦恼、痛苦的良药。要想回归精神乐土，就要降服自己不平的心、不清净的心、差别心、分别心、嗔恨心、愚痴心，回归真善美。

星云大师：人对幸福的感觉都是一样的，哪个人不希望自己好一点。你往前面走，前面有一道栅栏，大家都挤在那里。其实，你往后面退一退就会有另一个世界，以退为进，这就是不一样的生活态度。儒家也好，道家也好，人心的升华，人的愿望的克制，都是为了达到真善美的境界。

长乐先生：在个人主义泛滥、拜金主义流行的严酷现实面前，真善美好像离我们越来越远。这里我要重点强调"真"，"真"特别可贵，不真就不善，也不美。

南唐后主李煜有首词被骂得非常厉害："最是仓皇辞庙日，教坊犹奏别离歌。垂泪对宫娥。"人们觉得，到了这种时候李后主还"垂泪对宫娥"，实在太好女色。王国维却认为这是李后主的真性情，很可贵。当时，最令他难过的就是要与这些一同长大的女孩子告别。所谓的忠、所谓的孝，对他来讲非常空洞，家国对他来讲只是供他挥霍的富贵。

文学创作，最重要的就是真实。如果存在作伪，就有问题。可是，当文化传统要求文以载道时，我们不得不作伪，不能不载道。李后主写的"垂泪对宫娥"，这在我们的生命中是令人羞怯和难以启齿的部分，只有天真烂漫的李后主才能如此坦然地写出来。

星云大师：古德云："不怕妄心起，只怕觉照迟。""觉照"就是心灵的曙光。所谓福至心灵、拨云见日、柳暗花明、枯树逢春，那种觉悟开通、心明意解的清醒，就是人心灵曙光的显现。红尘滚滚，举世滔滔，人常常在红尘里迷了眼睛，迷了心灵，失掉了最真的东西，对别人说谎，最后对自己也说谎。只有先对自己的心诚实，才能在嗔恨的时候散播慈悲的种子，在仇视的时候施与宽恕的谅解，在怀疑的时候培养信心的力量，在黑暗的时候点亮般若的火花，在失意的时候找出明天的希望，在忧伤的时候给予喜悦的安慰。不为猜疑所惑，不被私心障蔽，因为真理从清醒而来，善良从慈悲而来，人性之美从心灵的诚实而来。

长乐先生：真，是艺术的最高追求，也是最重要的新闻美德。新闻美德有13项，第一项就是准确、详尽、全面，这是所有新闻工作者一致认同的基本美德。第二是真实，更广义地说，还要求新闻工作者对事实的叙述不能给读者留下错误的印象。新闻是属于公众的公共财富，它只提供事实，客观性是新闻的主导原则。凤凰卫视曾经制作了一系列关于台湾历史的纪录片，特别是记录台湾对大陆实施间谍战的《台湾天空的秘密》《谍海沉砂》，这两部片子都讲述了台湾军方不断派飞机和人员进入大陆取得情报的故事。这些间谍的坎坷命运，反映了历史上的许多冲突、矛盾以及被扭曲和掩盖的真相，揭示了两岸的政治、军事冲突只能带来大家都不愿看到的结果。老实说，真实是很难达到的，也是很难判断的，但媒体对真实和真相的叩问和诠释会给观众提供多种选择，会更接近真实。对真相的探求和还原是媒体的良知和责任，也是凤凰卫视为维护"和谐底线"而发挥的作用。

星云大师：说好话，是真；做好事，是善。但人性有沉沦、偷窥、揭人隐私的一面，新闻媒体为迎合市场也可能不受控地贩卖人性。为奖励正面新闻报道、鼓励社会向上提升的力量，我发起设立了"真善美新闻传播奖"，希望借真善美的精神，对媒体报坏不报好的毛病给予一些净化。我对所有得奖的媒体人说，奖项算不了什么，媒体人锲而不舍的精神，以及对社会真善美的贡献才让人感动。妄心、虚情假意，骗了别人也骗了自己，就不可能善；一天到晚起恶念，打妄语，哪来的美？迷惑颠倒，不真不善不美，何来智慧？我希望世人能够更多地亲近真善美，即使不能人人成为太阳，也希望大家成为蜡烛，照亮一方天地。

长乐先生：我在大师身上深刻体会到"善"。台湾"9·21"大地震、汶川大地震、印度洋大地震、东日本大地震，大师都派员参与救灾赈灾。当大批救援物资在机场堆积如山，无法运抵灾区时，大师通过当地的佛光信众建立了自己的通道，人背肩扛，经常最先抵达灾区。虽然是杯水车薪，但这会让灾区民众知道：活着就有希望，生存就是力量。经得起灾难的考验，才能实现理想；耐得住失败的挫折，才能成功立业。这不正是美的轨迹吗？

星云大师：我自己没有钱，但是，当我发愿要帮助那些陷入困境的民众时，就会有钱有物，因为我自许要有慈悲，慈悲是最大的财富。慈悲如同大海，你给予的越多，得到的就越多。格局越大，你的事业得到的助力就越大。

长乐先生：正如大师所说："我好像忽然看见万千的群众向我招手，我必须弘法利生，我要为佛教开创新局。"这就是善的力量。

最后我们讲美。真正的美，作不得假。但若我们失去人的原点，谈所有的美都是假的。你可以在家里摆放很多名牌的家具，很贵很流行，但那都是作假给别人看，你自己有没有真的觉得美？怎样找回你自己，才是最难的功课。台湾的美学教授蒋勋老师曾经说："我们从年轻开始，就因为工作忙碌，忽略了人与人的感觉，但工作忙碌之余，你还是一个人，你必须每分每秒提醒自己回来做人的部分。你看到了美，才会觉得这个世界是值得活下去的。如果你看到的只是品牌、只是假的美，你不见得快乐，那反而可能会是你忧郁症的原因。"

星云大师：人生长在天地间，和万物一样，人如果不亲近自然，看不到美，就失去了生存的土壤。湖南的岳麓书院为什么身处幽静山林中？那里的自然环境美极了，在那样的环境里，学生看到的也是山林的美景，潜移默化，都是教育。

长乐先生：现代人第一忘记自己，第二找不回美的感觉。怎么找回来？你去触摸一下叶子，去闻闻花香，让自己的孩子带着你去花园里转一圈。我们一说出去玩，很多人就想着报啥团，或者做什么攻略。其实，不是非要去哪里看山涉水、吃烤鱼才算休闲，只要有心情，何处不休闲？可悲的是，我们现代人的日常生活都被人商业化了，我们都被洗脑了，你想做的都是别人教给你的，你只是随大溜，随不上了就痛苦，就觉得不如人。其实，做回你自己才是最好的休闲，这才是人。生活中的美学，应该是不受别人安排的。每个人都应该用自己的生命去创造自己的美，以真为准则，以善为目的，让美带我们的心灵回家。

星云大师：这个世界无处不美！行驶在高速公路上，平坦宽阔，好不舒畅；走在羊肠小径上，弯弯曲曲，别有情致。如果三餐饭菜丰富，感念都来之不易；若是饮食简陋无味，就学习佛门"咸有咸的味道，淡有淡的滋味"。受人尊重，我心谦虚，面对世态炎凉，不妨学习禅师的"荣的由它荣，枯的任它枯"的处世态度。我很赞成总裁所说，我们应该建设自己内心的美丽世界。心美，世界到处都美。眼中所看到的是美景，耳中所听到的是美言，心中所想到的是美事。正如《维摩诘经》中所说，"随其心净，则佛土净"，《华严经》里也告诉我们："心如工画师，画种种五阴"。一切诸法，皆由心造，我们能有一颗慈心、善心、好心，最为重要。美丽的世界，美丽的人生，我们何不从缔造自己内心的美好世界开始呢？

是人创造了神

星云大师：基督教相信人和万物都是上帝创造的，但我觉得，人不是神创造的，是人创造了神，佛也是人，而不是神。神是什么？神其实就是你自己心里要它，它才存在。你一定要信仰自己的心，所以，你要健全自己。佛教属于人间，佛教就是要给人带来幸福和快乐。我们的佛教要从山林中走向社会，从寺庙走向家庭，从僧侣走向信众，从谈玄说妙走向实践服务。

长乐先生：我去过佛光山，到佛光山可以不烧香。但是，在那种氛围下，人的心自然会变得安定和安乐，变得纯净和自然。

星云大师：佛光山没有香，也没有佛殿，但是，你到了佛光山，你自己心中就有佛。这个佛不是在外面，而是在内心，我们人人都是佛。佛不是供着的，而是自己成长的。释迦牟尼佛成道的时候说的第一句话是：奇妙，大地众生皆有如来智慧德相，人人皆是佛。我对信徒讲：你就是佛。你承认你是佛了，别人气你，你还会和别人吵架吗？佛祖就不会吵架，你是佛，所以你也不吵架。这样，你渐渐就改变了自己，信仰了自己，增上了自己，升华了自己，扩大了自己。基督教是博爱的，它是爱民的。中国的宗教很多，信或者不信，信哪个，都要看你自己的心。你是上帝的心、佛祖的心还是太上老君的心？这些都要看你自己，不要勉强。

长乐先生：刚才星云大师说佛不是神，我们不是神创造的，这跟西方宗教已经拉开了很大的距离。我觉得这是佛教杰出的一面，如果每个人都能把自己当成佛，整个社会奉行纯净和崇高，幸福怎么会遥远？

现代中国出现了很多问题，不是用金钱可以解决的。比如，改革开放以后，我们的人民有了很强的购买力，很多人已经换了三四次房子，换了三四次汽车了，但还是感觉不幸福。为什么？缺了点东西。好像一个女孩嫁了一个有钱的男人，可总觉得还缺点什么，希望他再有点幽默感，有点小浪漫，有点慈悲心。这种幽默感、小浪漫和慈悲心就是文明、自尊与高贵。有了这些，我们才能建成富而乐、富而安、富而康的社会。

星云大师：南阳慧忠国师曾问紫璘供奉："佛是什么意思？"紫璘供奉不假思索地说："佛就是觉悟的意思。"慧忠国师进一步问他："佛会迷吗？"紫璘供奉反问说："已经成佛了，怎么会迷呢？""佛既然不迷，觉悟做什么呢？"紫璘供奉无语可对。又有一次，紫璘供奉在注解《思益梵天所问经》的时候，慧忠国师在一旁："注解经典者，必须能契会佛心，所谓'上契诸佛之理，下契众生之机'，才能胜任。"紫璘供奉听了非常不悦，回答说："您说得不错，否则我怎么可以在这里下笔呢？"慧忠国师听了，就叫侍者盛来一碗水，里面放了七粒米，碗面上放了一双筷子，然后问紫璘供奉说："请问这是什么意思？"紫璘供奉茫然不知，无语可答。慧忠国师不客气地训诫他："你连我的意思都不懂，怎么能说你已经契会佛心了呢？"

长乐先生：讲经说法，契理容易，契机难。慧忠国师的"水米碗筷"，说明佛法不离生活，离开了生活，要佛法何用？紫璘供奉远离生活来注解佛法，当然离佛心就很远了。所以，六祖慧能大师曾说："佛法在世间，不离世间觉；离世觅菩提，犹如觅兔角。"

贰
找回你的真心

星云大师：最近获得诺贝尔文学奖的莫言先生说，他小的时候，越没有书读越找人借书读。我小的时候入寺庙，师父不让我们读书，也不让我们听讲。不看不听对小孩子来说真的很难，越不让越想，于是就看自己的心。也不知过了多久，大概是在15岁的时候，有一天我突然感觉找回一点自己，能看到自己心的一角，很多道理在没有书读、没有人告诉的情况下自己突然领悟了。我也疑惑，这些知识是从哪里来的？莫非是菩萨给的？佛教讲：看无相之相，听只手之声。

长乐先生：有位弟子向赵州禅师求开悟的法门，禅师问他："你米粥喝了吗？"他说："喝了。""那就去洗钵盂吧。"还有一个弟子问百丈禅师："您能教我如何修行吗？"禅师回答："饿了，就吃饭；累了，就休息，不需要文字和语言。"第四世多智钦12岁时，上师命令他喝酒。他刚开始不敢喝，后来想到上师跟佛没什么差别，就一口气把酒喝了，也证悟了。有修行的朋友跟我讲："长乐你要吃素，吃肉是有罪孽的。"我就笑，问他说："你知不知道释迦牟尼佛也吃肉？化缘是人家给你什么，你就该吃什么，哪里管是不是肉。"我随缘吃肉，不见得比天天吃素的人离佛祖远！

星云大师：在佛教的宗派里，大乘佛教在中国产生了八个宗派。在这八个宗派中，比较重视义理的宗派有天台宗、华严宗、法相宗及三论宗，比较重视修行的宗派有禅宗、净土宗、律宗及密宗。中国大乘佛教的八个宗派，有各自的修行方法，我现在用四句话扼要地阐释它们的特点，这四句话是："密富禅贫方便净，唯识耐烦嘉祥空，传统华严修身律，义理组织天台宗。"

谈到佛教的各宗各派，佛陀在最初创教的时候，为了适应众生的根器，说了种种法门，未曾提到宗派的分别。到了后代，历代大德因个人研究兴趣的不同，而对佛陀一代的教化做各种不同偏重性的探讨，加上个人的修持体验，对经典产生种种诠释，以为自己所阐扬的，最为代表佛陀的教义，衍变所及，乃渐渐形成各种宗派。

我对佛法所拥有的无比信心，就是从朝拜佛陀圣地，从念佛、拜佛，从平日布施利人的修持，从布教弘法的生活中长养起来的。我从小被打、挨骂，受到种种委屈困苦，有时几天不曾进食，有时数年不得一衣，但这许多苦难磨炼我，使我更坚强地来承担起一切，主要是因为佛陀的慈悲给了我无比的力量。我希望各位也能从八宗中参透一些佛法的消息，找到佛教的入门，在佛法中找到一份力量。

长乐先生：大师说过，人最大的能源是信仰。现代社会高度集结化、机械化，使人变成电脑的奴隶，人和人之间的联系被阻隔了，人基本上失去了自我。人对物欲的追求逐渐到了疯狂的地步，这种迷失表现在信仰的缺失上，没有信仰，就会自我失落。柏拉图曾说，如果坚持不懈地对一个国家的国民进行良好的教育，这个国家国民的民风还是有改善的可能的。我们的国家、民族正面临信仰缺失造成的诸多问题，比如公共场合的不文明礼貌，比如名胜古迹上的"到此一游"。信仰问题不是宗教问题，是人的精神归宿问题，是人的生命灯塔问题，信仰是区别人和动物的标准之一。

星云大师：佛教不需要深奥，自由自在，有所启迪就好。在我看来，天下的神明都是人创造的，人和社会建立不起关系，就想追求神明。县太爷不理我，我就找城隍爷；想读书好，我就找文昌帝君；想结婚，我就找月下老人；想生孩子，我就找注生娘娘；想发财，我就找财神爷。求神不如修己，神就是每个人的心，修养就是找回自己的心。我今年88岁，出家76年，找佛陀找了76年，佛陀在哪里？我找了这么多年才悟到：佛陀在我心里，我吃饭他跟我吃饭，我走路他跟我走路，原来我们每个人都和佛生活在一起，只是自己不知道。修养到最高境界，人人都是菩萨。

成功的真相

无人能左右你，这是你举世无双的人生。

只因你没有那么想要

长乐先生： 两个一起毕业进入律师事务所的同学，10年后一个成为赫赫有名的大律师，一个仍碌碌于一线。同学聚会，后者向前者感慨：毕业的时候咱俩资质差不多，可我现在真的没有你成功啊！前者沉默良久，回答道：咱俩刚毕业的时候，当我一头扎进枯燥的大叠案宗里夜夜苦读的时候，你在忙着接零活补贴不高的收入；当我利用下班时间跟进委托人的时候，你在约会女朋友享受浪漫时光；当我应酬律师界的前辈打开人脉的时候，你已经组建了幸福的小家庭，并忙活着照顾刚出生的小宝宝。我不觉得我的人生一定比你成功，但仅就事业成功这一件事来说，我俩唯一的差别是：你没有我那么想要。

星云大师： 我想成功的定义，最重要的是你要正派、有道德，要被人认为是一名君子，让大众能接受你、赞美你。成功，不一定要有钱，不一定要有多少群众，即使你在深山独居，若你对人类社会有益、有影响，比方说，在思想上可以影响别人，在学术教化上可以影响别人，在行为示范上可以影响别人，能做社会大众的表率，我们就定义说你这个人做人成功。

叁

成功的真相

长乐先生：我理解大师的话，衡量成功的标准有两条：一是在成就自己的过程中，我们的潜质和个性是否得到了充分的发展，才能是否得到了充分的施展，作为人的尊严和自由是否得到了充分的实现；二是在成物过程中，我们是否为国家和社会创造了价值，做出了贡献，是否赢得了社会对我们的广泛尊敬和高度肯定。这是比较广义的成功。成功还有一个狭义的定义，是指一个人确定了生活和人生目标，逐渐向这个目标努力的过程。今天我们坐在佛陀纪念馆对话，鸟语花香，绿草芬芳，如果没有大师当年的发心，又怎来今日的一切？在大师身上，成佛和成功应该是非常紧密地连在一起的。

星云大师：佛光山事业的成功，社会大众都有出力，不能说是我个人的成功，我只是对社会尽一份心，尽一份做人的道理。我只是单纯地想把正的念头和精神树立起来，并做出示范，让大众知道何谓好、何谓人，对社会有所贡献。我个人不敢说自己成功，我只是心中物质的东西很少，大众很多。我不能有特权，我不能特殊，我一茶一饭，跟大家一样，只是我心里强一点，比大家多做一点事情而已。

长乐先生：佛教把宇宙的物质现象与精神现象分为五类100种，这个理论叫作五位百法。在五位百法中，心所有51种，其中有一类心所叫"别境"，共五种：欲、胜解、念、定、慧。这五种心所就是成功的最基本因素。心所，用比较通俗的语言说，就是心理、情绪。

关于成功的第一个关键的心理是欲。《阿毗达磨俱舍论》中说："欲谓希求所作事业"。《显扬圣教论》中说："欲者。谓于所乐境希望为体。勤依为业。如经说欲为一切诸法根本。"简单的解释就是，对喜欢的外境产生欲求的精神作用。欲，是成功的种子，没有欲，人是不会成功的。在佛教中，没有欲，也是不能成佛的。因为没有欣乐厌苦之心，就不会出家修行。欲，简单地讲，就是你喜欢的、希望去干的事情。希望和爱乐是它的基本属性。所谓"可爱见闻"，起码你要愿意见到它，见到它你欢喜高兴。

成功的人，欲都很大、很强、很持久，在任何时候都不会放弃。所以，欲是成功的第一步。但是，欲也有善、恶、无记三种性质，无记就是不善也不恶。恶欲，也叫贪欲，是生苦之本，也就是一切痛苦的根源。简单地说，对世间的美色、财宝、地位等的取之不尽的欲望，就是不好的欲。所以有人说，越贪财的人越挣不到钱，因为你的欲本身就是恶欲，你只能离成功越来越远。我们讲成功，应该发的是善欲，发善心。

星云大师：曾有许多人问我："为什么佛光山有这么多的佛教事业，都是以'普门'为名？"这句话往往将我的思绪带回60多年以前。1949年，我初来台湾时，曾经度过一段三餐不继、颠沛流离的日子。记得在南昌路某寺，我曾被一位长老责问："你有什么资格跑到台湾来？"到中正路某寺挂单，也遭拒绝。因夜幕低垂，我只好紧紧裹着被雨水淋湿的衣服，在大钟下躲雨露宿。第二天中午时分，在善导寺斋堂里，看见一张八人座的圆形饭桌旁，围坐了十五六个人，我只有知趣地默然离去。

在走投无路下，我想到或许可以到基隆某寺去找我过去的同学。当我拖着疲惫冰冷的身躯，冒着寒风细雨，走了半天的路程，好不容易到达山门时，已是下午一点多钟。寺里的同学听说我粒米未进已达一天之久，赶紧请我去厨房吃饭。可是就在这时，旁边另外一个同道说话了："法师交代，我们自身难保，还是请他另外设法好了！"当我正想离开之际，同学叫我等一等，他自己拿钱买了两斤米，煮了一锅稀饭给我吃，我记得当时自己已经饿得连捧着饭碗的双手都不停地颤抖。向同学道谢后，在凄风苦雨中，我又踏上了另一段不知所止的路程。由于这段刻骨铭心的经历，我当时立下誓愿：日后我一定要普门大开，广接来者。

20年以后，我实现了愿望，先后在台北成立普门精舍、普门寺，教导所有的徒众都必须善待信徒香客，让大家满载欢喜而归。直到现在，佛光山的各个别分院仍然保持着一项不成文的规定：每一餐多设两桌流水席，方便来者用斋，对于前来挂单的出家人，则一律供养500元车资。此外，我还在佛光山开办中学、幼儿园，乃至创办佛教杂志，都是以"普门"为名，凡此都是取其"普门示现"的意义，希望徒众都能效法"普门大士"的精神，接引广大众生。

长乐先生：四十年前的小小发心，成就了如今佛光山的辉煌成绩，发心的力量真是强大。最大的发心应该是发菩提心。如果转化到世俗间，我们普通人要怎样发心？我觉得要做到三个"立"：立志——确定目标；立德——塑造品德；立身——向着目标努力。"国立"台湾大学在25年前做过一项调查，台湾的大学生，26%的人没有目标，61%的人目标模糊，9%的人有短期目标，4%的人很早就确立了长期目标。25年以后，26%没有目标的人在社会底层生活，平平淡淡；61%目标模糊的人没有特别大的建树；9%有短期目标的人比较有成就，但职业固定；只有4%有长期目标的人成了社会的栋梁。所以，成功的人首先要确立一个非常好的目标。

星云大师：发心就是要开发心愿，心像田地一样，你开发它，进行播种，它就能成长，你未来就有所成。我现在已经老了，已经不做梦了，只希望随喜随缘，跑个龙套，做做好事。回首我的一生，我从不敢说自己成功，大概只能说自己有这么一点小小成就。以众为我，没有大众，我个人不能成功，所以，我把大众看得比我的眼耳鼻舌身还要重要。大众是我的老师，我要重视他们，照顾他们。我建佛陀纪念馆，是要请信徒共成的，佛陀纪念馆是佛陀的成功，是大众的成功，我只是做小事而已。

长乐先生：大师谦虚了，聚德聚量，才能有信众。大师能够聚合这么多信众，原因在于大师本人有着宏大心愿和智慧修为。人生如行路，一路艰辛，一路风景。你的目光所及，就是你的人生境界。总是看到比自己优秀的人，说明你正在走上坡路；总是看到不如自己的人，说明你正在走下坡路。大师还在不断进步呢。

星云大师：信众多，是因为他们和我有缘分，我带他们行善而已。其实，我只有先把自己鼓励好，才能鼓励部下，才能鼓励大众。广结善缘，还要自己真心、诚心，要对人慈悲，才能成功。心念可大可小。心量有多大，成就就有多大。我的心量只能容纳一个家庭，我就做家长；我的心量大一点，爱一个社区，我就做区长；我的心量能容纳一个县，我就做县长；我能容一个省，我就做省长；能拥有一个国家，就做国家的领导人。成功，不一定非要做大人物，做小人物也可以。孔子的弟子颜回，一箪食，一瓢饮，不改其乐。我认为那也是成功的人。像好多人住在小房子里，小夫妻弹弹琴、说说笑，也很幸福，很成功。成功是不破坏别人，不嫉妒别人，自己努力，努力多少获得多少。

长乐先生：认识自我，量力而为；从小到大，步步为营。我想，没有哪个伟人从出生起就觉得自己能当伟人，总要从小心念一点点变成大心念。唯一的区别是：有的人走到一半被路上别的风景诱惑了，拐弯了；还有的人走到一半就知足了，停止了；只有那些不知足的人，自己温饱了还想让更多的人温饱，自己快乐了还想让全天下的人快乐，才成就了更大的志业。

这就是凡人的成功和伟人的成功之区别。

奋斗要过几重山

长乐先生：追求成功就像追求暗恋的女孩，日里梦里都是她，睁眼闭眼都是她，饭里水里都是她，日日夜夜，魂牵梦萦，若有这样的意念，总会收获一份成功。成功之路人人不同，但奋斗的历程大体有相似的轨迹。有了追求的目标后，奋斗要过几重山？追求成功之路遇到的第一座山就是获得胜解。

通俗地说，胜解就是殊胜的见解。

胜解有三个特性：一必须是确定无疑的；二必须来自于实践，没有人可以教给你胜解，唯有实践；三是靠个体领悟而来。在我们被兴趣和热爱吸引到一项事业上来以后，我们还要去实践、躬行，不断考验自己的信念是不是坚定，方法是不是正确。如果你有一丝犹豫和怀疑，那必然不是胜解。在现实生活中，有时候我们不明白为什么有些老板连中学都没有读完，却能建立跨国大企业。我想，他们一定是在坚定不移地实践中得到了胜解。

胜解必定来自人们的苦苦追求，是对事物产生的特殊的人生体验。胜解是悟到的，不是哪本书能教给你的。

星云大师： 前几天，高雄的一位公司董事长和我讲了几句话。他说："以我现有的财产，即使我一天用10万元，活到100岁也用不完。虽然我有很多钱，但我还在工作，我是贪得无厌吗？不是的，我是以做事业来打发时间。"

他这段话使我们了解，一个人唯有在工作中，生命才有办法安住，人也才活得有意义。没有工作是很无聊的，也是很乏味的。

那位先生又说："我虽然有很多钱，但自奉甚俭，不抽烟、不喝酒、不去娱乐场所。下班回家就是一杯清茶，看看报纸，如此而已。一天过去，第二天又带着饱满的精神开始工作。"

这些话使我领悟到，社会上一些成功的企业家，他们的成功绝不是从安逸享受中得来的，而是从不停地勤劳奋斗中获得的。

佛光山佛学院里的学生，每个人都要轮流打扫、典座、出坡、劳动服务，我们这样的安排，并不是非要大家为佛光山担当，而是具有另一层意义，我们要使学生们的生活在工作中变得充实，让他们从工作中去修道、去体会，展现生命的力量与发挥生命的意义。凡是对教育有认识的人，看到这样的教育方式，没有一个不称赞的。有很多人说："这样的教育，才是契合新生活的教育。"学院的教育方针虽然如此，但如果各位不带着欢喜心去从事工作，不带着认真的态度去奋发图强，也就枉然了。

俗语说：各人吃饭各人饱，各人生死各人了。因此，你们必须自己从勤劳奋斗中去创造光明，从勤劳奋发中去完成自己的理想。

长乐先生： 获得胜解之后，第二座山就来了，叫"念"。念就是铭记不忘的意思。人的心理活动，往往是不停变化的。你这一分钟和下一分钟想的可能就不一样。那到底哪一种才是正确的？不忘不失，名之为念。念，就是专念一件正事或正理，决不使心旁骛到其他的事理上去，久而久之念得纯熟自然。

星云大师： 一个人的心念也往往在无形中决定了其一生的命运。幸福快乐与否，不在于拥有多少或拥有什么，而在于我们内心想的是什么，此即"心念"与"心态"。什么样的心念决定什么样的命运，什么样的心态则决定什么样的遭遇。

例如，一个爱抱怨的人，因为常存抱怨的心态，久而久之，抱怨便成为他日常生活中的习惯，日积月累，终成为他的专长，而此专长无形中决定了其唉声叹气、怨天尤人的个性，以致他的遭遇充满乖戾与颓丧。

一个爱批评的人，因为常存批判的心态，久而久之会养成"看人不顺眼"的习性，形成言谈爱说负面、做事偏爱挑剔、做人爱看缺点的个性，如此则造成一个不懂得包容与善解的苦闷人生。

一个爱说是非的人，因为常存说长论短的心态，以致"说是非"成为他的专长，搬弄是非也成为生活的习惯，久而久之，"爱说是非""爱听是非"与两舌恶口相呼应，造成生活周遭布满"道听途说"与"危言耸听"的论调。如此，让自己的生活得不到轻安，生活不轻安也是一种苦，而是非缠身、烦恼攻心则使人生更加不幸与悲哀。

心念若不改，风水、行业、名字等再怎么改，也改变不了命运。此即所谓"环境不能改，但心境可以改"，同理，"人生不能改，但人生观可以改"。

长乐先生： 不忘不失，名之为念。心向往之，念念不忘，终有所得。对媒体人来说，真性情、真学问、真智慧才是屹立不倒的真功夫。我们这个行业的人，大部分干了没几年，就想去当管理者，放弃了专业。结果，中国少了许多优秀的媒体人，多了许多平庸的管理人。我希望中国会慢慢出现一些资深的记者、评论员、主持人，他们会把专业当成终生的追求，在自己的行业里熬成资深的白发人。这时，你会发现，你的魅力无法抵挡，大家会越来越赞赏你的白发，你成了公正、公平、影响力的一种化身。

星云大师： 佛法告诉我们："起心动念、开口动舌、举手投足均无不是业。"业力牵引向善，则人生光明灿烂，业力牵引向恶，则人生哀愁暗淡。善业要靠善念来启发，恶业更要借善念来戒除。

生命过程中，心念时时刻刻与我们长相左右。好的心念就如一粒善的种子，会开出芬芳美丽的花朵，让我们有一个幸福快乐的人生。不好的心念就如一粒恶的种子，会结出厄运的果实，让我们的人生尝尽哀怨辛酸。所以，我们说："心念可以决定每个人不同的命运。"

长乐先生： 念念不忘之后还有一座最难登的大山——定。所谓定，就是制心一处，全神贯注于所观之境而起的精神作用。定，就是坚持，好多人都死在这座山下。有了欲望，获得胜解是能享受到收获的喜悦、创造的快感的。可是，念念不忘以后，又会陷入低谷，有多少人能在这条追求成功的道路上坚持下去呢？这就需要定，所以要废寝忘食，所以要乐不思蜀，所以要坚持到底。我用十几年的人生营造了凤凰的品牌，我的成功体会是：取得成功的，一定是坚持到最后的那个人。不久前，我给凤凰管理层的同人发了一条短信，这是一条我准备了很长时间的短信。短信的内容是："自己把自己说服了，是一种理智的胜利；自己把自己感动了，是一种心灵的升华；自己把自己征服了，是一种成熟的人生。大凡征服了自己的人，就有力量征服一切挫折和困难。"

这是我的人生体验，是我的"定"与坚持。

佛教里不是说"不是幡动，不是风动，而是心动"嘛，所以我想告诉大家，自己征服自己的能力，是最强大的能力。征服自己的心，永远不灰心，只要做到这一点，我们就会被自己的努力奋斗而感动，并为之洒下高尚的热泪。

星云大师：这一点值得说，我一生跟很多人交往，也上过当，被别人骗过，但我从来没有灰心。人来到这个世间，一定要勇敢、要珍惜。我在大陆和台湾都坐过国民党的大牢，甚至面临杀头的危难，但我从不灰心。父母生养我，没有给我什么财富，但给了我比财富更重要的力量——忍耐、勇气、慈悲心和勤勉的性格。

长乐先生：我有过灰心，但从没有过放弃。如果说有哪件事情我做得比一般人好，那是因为我专注。做任何事情，我都专注其中，真正让自己的内在和外在都全神贯注，绝对不打酱油。我们现在生活在中国社会的转型期，各行各业竞争都非常激烈，全神贯注可以让你少分一点点心，多一点点警觉，在面临压力的时候多一点承担力和承受力。但的确有些人会在压力面前败下阵来，困惑、疑虑，甚至患上抑郁症、强迫症，这一切把我们的幸福淹没了。在面对这些形形色色的压力的时候，大师觉得我们应该怎么办？

星云大师：面对压力，要看你有没有力量。一个球里的气就是力量，气很重要，人也是活一口气，如果没有气，你就软绵绵的，越有气，越跳得高。如果没有压力，结局往往很惨。以前渔民运鱼，因为路途很远，鱼闷在船舱里，很快就死了。后来渔民想了一个办法：往鱼笼里放几只螃蟹。鱼很怕螃蟹，见到螃蟹就躲避，一会儿游到这里，一会儿游到那里，这样鱼就活了下来。螃蟹对鱼来说即是压力。所以，有压力就能让我们更加坚强地往前走，让我们勇敢地面对现实，向前向上发展。

长乐先生：面对压力，要有化解它的能力。我们凤凰卫视有个90后的小编辑，思维很跳跃，编片子很有才华，工作没几年，已经换了好几份工作了。最近他又想辞职，我问他原因，他说觉得压力太大了，想换个环境。我又问他以前跳槽的原因，他说都是觉得压力大，想换个环境。我劝他说，你不如休个假，看看离开这个环境是不是生活和心情状态就真的好了。如果是，那就是环境的问题。如果不是，那你好好想想是不是自己的原因，欢迎你随时回来上班。现在，他回来上班了，很踏实。我问他为什么，他对我直乐，说："我离开这段时间一直在观察，我发现，同样是上班，有人哼着小曲蹦蹦跳跳，有人皱着眉头睚眦必报；同样是下班，有人做饭、摄影、上街聚会，有人烂醉、买欢、鬼哭狼嚎。生活是否不堪，先问自己。"我说你这次是真领悟了。哪里没有压力呢？就看你自己能不能接受，能不能适应。如果你心中有定数，那么，什么压力都是暂时的。环境是杯子，口径都一样，关键是你自己装不装得进去！

心中有梦，脚下就有路

长乐先生： 在奋斗的路上，最难越过的一座山是"定"，也就是坚持。过了这个山头，你就离成功不远了。定的最大作用，是生出智慧。所以，成功的最后一个心理阶段是慧，就是判断。

五别境，就是人在成功的过程中的五种心理状态。欲就是想要做；胜解就是知道去做什么，并决定去做；念就是不能忘怀，把这件事放在心上，琢磨着怎么去做；定就是用心投入去做；慧就是心里清楚，坚定地知道这件事的可行性和方向。

王国维说，古今之成大事业、大学问者，必经三种之境界。"昨夜西风凋碧树。独上高楼，望尽天涯路"，此第一境也。"衣带渐宽终不悔。为伊消得人憔悴"，此第二境也。"众里寻他千百度。蓦然回首，那人却在，灯火阑珊处"，此第三境也。

第一境界是立志、下决心。我觉得，这就是欲和胜解的状态，就是能看到形势发展的主要方向，能抓住自己真正想要的东西，这是取得成功的基础。

第二境界出自宋代柳永的《凤栖梧》。原词是："伫倚危楼风细细。望极春愁，黯黯生天际。草色烟光残照里。无言谁会凭阑意。拟把疏狂图一醉。对酒当歌，强乐还无味。衣带渐宽终不悔。为伊消得人憔悴。"它描述了"终不悔"的念念不忘，也表达了"定"的坚持不懈。尽管遇到了各种各样的困难，但还要坚持奋斗，继续前进。

最后，"众里寻他千百度。蓦然回首，那人却在，灯火阑珊处"。这是慧，经过多次周折、磨炼后，逐渐成熟起来，别人看不到的东西也能明察秋毫，别人不理解的事物也会豁然领悟贯通，这不是慧吗？这时候，我们在事业上就会有创造性的、独特的作为，正所谓功到事成。

星云大师：太虚大师在他的自传中曾说，他并不是从小就计划要开创什么佛教大事业的，他的一切事业，只是随缘地发心为佛教奋斗，随缘地办佛教教育，随缘地写文章、出版杂志，他也是在随缘中认识了党政各界护持佛法的人。他说："偶然的关系，我与许多种的革命人物思想接近了，遂于佛教燃起了革命热情……偶然得若干信从者，遂组觉社，以著书讲学的又一姿态出现……"太虚大师的事业，一切都是随缘而成功的。

"随缘"，并不是叫大家没有原则、没有个性、没有立场，今天跟随这个，明天跟随那个，拿不定主意。所谓"随缘"，是指应随心随力。合乎我的理想，这件事情是我曾经计划过的，我便随缘去做。"随缘消旧业，莫再造新殃"，从随缘中建立新的修行，从随缘中去处理新的事情，这才叫作随缘。

大家对于生活，有时候养成了一些习惯，一定要睡高广大床，一定要用热水才能洗澡，要喝牛奶才能滋补身体，要吃水果才能消除火气，这样就不叫随缘。随缘是"随喜他人而克制自己，是随善随好的"。我们应该提倡一种随缘的生活，也就是合群的生活。弘一大师很随缘，他觉得世间没有什么不好的东西，一切都好，但他生活很严谨，所以说随缘中要有严谨。随缘而不失去自己的原则，不随俗浮靡，才是随缘的真义。

长乐先生：商人问渔夫为什么不多捕些鱼。渔夫说："我要留出时间去跟我的孩子玩耍，陪我的老婆睡午觉，每晚到村里跟朋友喝喝小酒、唱唱歌。"商人嘲笑说："你实在是目光短浅。你应该多花些时间打鱼，多卖些钱，然后买条大船，这样就可以打更多的鱼，卖更多的钱，然后再买条更大的船，打更多的鱼，赚更多的钱。""要那么多钱干什么呢？"渔夫问。"有了钱，你就可以到大城市开公司，赚更多的钱，然后你就可以当老板，雇人给你干活。你自己就可以抽出时间陪孩子玩耍，陪老婆睡午觉，每晚到村里跟朋友喝喝小酒、唱唱歌。这样，你的生活才过得美满又充实。"商人说。"那这需要多长时间呢？"渔夫问。"15~20年吧。"商人回答。渔夫说："我现在就过着这样的生活，为什么还要费尽周折，20年以后再去过呢？"

现实比故事还要残酷。渔夫现在美好生活的前提是：每天能捕到足以维持生计的鱼。但现实中的鱼不会在海里等着你，今天这里有鱼，明天这里或许连小虾都没有。在现实社会里，渔夫的想法不一定现实，安逸的生活不会等着你，要想过好生活，就应不断地去努力。但若按商人的想法去拼搏，为追求理想中的生活而脱离现实，生活同样会失去意义。一个人，既要有远大的生活目标，为了实现这个目标，有勇于进取的自信、敢于拼搏的精神、不达目标誓不罢休的坚强意志，又要时刻谨记，奋斗、拼搏的终极目的是为了生活，在这个过程中，要注意享受生活。这样，你的生活才会幸福，你的家人才会幸福，你的人生才会美满而充实。所以，不要做不求上进的渔夫，更不要做不懂生活的商人，而是要面对现实，永葆进取之心，并要懂得享受幸福生活。

星云大师：对于成功，真正的慧是理解成功的真义，不忘初心。一切成功由欲而起，一切成功归于欲结。那你的欲是什么？12岁的时候，我希望求聪明，拜智慧。20多岁以后，我就不求佛祖了，到了30多岁，我想的就是请佛祖保佑我的师父、父母、信徒们，让大家都快乐、健康。40岁之后，提出要保佑世间人民脱离苦难，希望风调雨顺、世界和平。50岁以后，我觉得怎么能天天让佛祖保佑世界和平呢？学佛应该是效法诸佛菩萨弘法度众的精神，为什么自己却总是祈求诸佛菩萨做这做那？我到60岁的时候，我想的就是人间的苦难让我来担当，看看我有没有资格为佛陀服务，为世间的苦难服务。我要自觉，要自己来觉悟，让自己来觉醒。我要给予，我要进步，我要成长，我要变得更好，我要自己来教育自己。

长乐先生：大师昨天给我介绍了丰子恺的《护生画集》，丰子恺先生是中国著名的文学家、画家，他生于1898年，1975年去世。1929年，他和弘一法师合作完成了这部《护生画集》。《护生画集》是由丰子恺先生作画，弘一法师等文学高人撰文的一部解释佛理的文化精品，其宗旨是普劝世人放生戒杀，慈悲孝敬。这部作品最近被新加坡的一位收藏家捐出来，大师把它请到了佛陀纪念馆展览。原画是黑白的，但大师把这些画改成了彩色版，镶嵌到墙上，让它们以新的形式永远留在佛光山，既让民众受益，又与时俱进。大师眷恋中国文化，并且有大包容的心。昨天大师跟我讲，他准备安排菲律宾的天主教徒以音乐剧来演绎《佛陀传》，用西方的和声和音乐来表现中国文化的东西，我认为这非常有想象力！大师现在视力不是很好了，但一笔字还是写得非常好，为什么？大师说他不是书法家，仅仅因为勤奋。佛家讲，眼分为肉眼、天眼、慧眼、法眼和佛眼，我觉得大师已经进入佛眼的境界，他是我们心目中成功的榜样。

星云大师： 丰子恺、弘一大师对世道人心有深远的影响，我距成功还很遥远，但我会不断努力。吃得苦中苦，方为人上人，苦中学习，刻骨铭心，苦中积累的本事经得起时间的检验。我今年88岁，12岁出家做和尚，那时的教育很专制，都是打和骂。比如，老师会问："你有没有杀过生？"我说没有。师父就说："你没有打死过苍蝇吗？你在说谎！"于是就打。我就改口说杀过，他又打，说罪过罪过。总之，你说什么他都要打你，为什么？就是为了让你在无理面前都能服从，这就是以无理对有理，以无情对有情。他平时对我们很好，到了正式场合，打骂毫不客气，我当时觉得他好无情。实际上，他很委屈、很辛苦，用这种方法来磨炼我们，激励我们。所以，今天我也来激励年轻人，你们遇到挫折、困难的时候，要挺起胸膛，昂首挺胸地去面对，不要总抱怨压力太大、人家对我不好。我们要把不好变成好，要禁得起风霜雨雪的磨炼。

长乐先生： 大师讲了，忍辱度嗔恚，精进度懈怠，持戒度毁犯，禅定度散乱，布施度悭贪、般若度愚痴，六度就是教我们怎样解脱苦。佛教的基本教义是四谛：苦谛、集谛、灭谛、道谛，排在第一位的是苦谛。佛总结出人生的八大痛苦：生、老、病、死、爱别离、怨憎会、求不得、五蕴炽盛。世间有情，悉皆是苦，即苦谛。道谛讲的就是修行和修炼的过程，讲如何从苦海中解脱的问题。吃得苦中苦，方为人上人。对目标来说，人上人这个思路，我有些不认同。2600年以前，释迦牟尼不喜欢婆罗门教把人分成三六九等，他创立佛教就是为了改变种姓制度，普度众生。他认为众生平等，这就是佛教的魅力。一时间，很多婆罗门教徒都转向佛教。修佛的人不该成为人上人，但吃苦中苦是必要的，我觉得师父吃了很多苦，他们也成了人上人，但他们心中不见得是要修人上人。

　　星云大师：苦中苦是要吃，人上人不是指在阶级上有分别，是指在学问、思想、悟道上有高下。很多人身在苦中不知苦。苦是从哪里来的？因为自私才有苦，人家比我好了，我嫉妒他；人家有钱，我放不下；人家说一句话，我不高兴。这都是烦恼，都是苦。所以我觉得，不要那么执着，人的胸怀可以放大一点，看天下，看世界，看全人类，对芝麻绿豆大的小事不要计较。年轻人要立大志，先天下之忧而忧，后天下之乐而乐，放眼国家、人类、社会，这样，苦就会减少很多。

　　国家主席习近平最近谈到中国梦，我想中国梦应该让人民幸福、安乐，让这个社会公平、公正，让贫富拉近距离，让贫苦受难的人翻身，让每一个中国人都能享受到中国给他的福利、给他的成长、给他的心愿，我想我们都要做这样的中国梦。

成与败如筷子

星云大师：常听一些人说："我每天烧香拜佛，为什么事业还是不成功？""我信佛如此虔诚，为什么钱财还是被人盗了呢？""我吃斋念佛，为什么生活不顺利呢？""我每天打坐参禅，为什么命途多舛呢？"我闻言不禁觉得奇怪，佛门不是保险公司，只知道一味祈求佛菩萨加被，自己的言行却违背因果，怎能得到好报呢？所谓"种如是因，得如是果"，信仰有信仰的因果，道德有道德的因果，健康有健康的因果，经济有经济的因果，我们不能错乱因果。被人欺骗，应该先检讨自己是否贪小便宜，伤害别人；遭到扒窃，应该先反省自己是否太过招摇，将钱财露白，甚至反省是否前世有欠于他。所以，成功与诚实有关。

长乐先生：成功和失败都是一个过程，它们之间有因果关系，就像一句话所说：幸运和不幸像一双筷子，缺了哪一支，都吃不了人生这碗饭。成功和失败是相辅相成的，失败乃成功之母，成功里也蕴含着失败的危机。美国有一部非常著名的漫画，叫《花生》，是一个叫查尔斯的人画的。查尔斯一生经历了很多失败，他学习不好，并且性格封闭，只知道埋头画画。他把画送到迪士尼，一次又一次地被打回来。他非常失落，但他没有停止。他把自己失败的过程编成一个长篇故事，用漫画表现出来，起名叫《花生》。结果，他一举成名，其漫画一时间洛阳纸贵。一个失败的人，把他的故事用漫画演绎出来，结果成功了，这难道不是非常有意思的轮回吗？

星云大师：话说有一位老和尚下山化缘，几个月过去，来往的行人都视若无睹，只有一个卖烧饼的小孩把当天卖烧饼的钱都捐给了老和尚。老和尚深受感动，对小孩说："日后你如果生活上遇到困难，可以来找我。"卖烧饼的小孩起初并没有把老和尚的话放在心里，但他回去后，因为交不出钱来给老板，就被开除了，从此流落街头，成了乞丐。不久，他的眼睛就全瞎了。这时，他想起老和尚的话，就依言到山里找老和尚。老和尚是一位有神通的得道高僧，小孩被安排在寺院里住了下来。一天，小孩半夜起来上厕所，一个不小心，跌到厕所里淹死了。消息传开，老百姓们都认为，小孩做了好事，不但失业了，眼睛也瞎了，现在又掉到厕所里淹死了，这哪里是好心有好报？老和尚知道以后，就集合大众，说："这个小孩子前世造下罪业，本来今生应该出生为癞痢头的穷苦小孩，下一世则是一个瞎子，再下一世又会受到掉进厕所淹死的果报。这本来应该是三世的罪业，但由于他今生布施的功德，这三世的罪业都集中一次受报。现在他已经苦报受尽，升天享乐去了。"

长乐先生：什么是轮回？我理解这个概念，不是简单地生了死，死了去投胎。它讲的是一种关联的作用。其实，一天中就有轮回。你上午帮朋友牵个线，做成一笔买卖，结果晚上朋友请你吃饭，你一天都很开心。又或者你早上偷懒，晚起了10分钟，就因为这10分钟，你没赶上公交，打车又堵车，到公司还是迟到了。结果你被老板批评，然后坏情绪又影响到工作效率，最后你出了大错，下班的时候很沮丧。不管是开心的一天，还是沮丧的一天，晚上睡去了，就当作死去了，第二天早上睁开眼睛，又是崭新的一天，又是新的开始。

星云大师：世间的一切成败得失、成住坏空，既不是鬼神所能操纵的，也不是权势所能左右的，而是掌握在自己手中的因果法则。佛教的精义在于明因识果，佛教的目的在于教化人心，所以，信仰佛教很好，明白因果的道理很好，奉行因果的法则更好。如果能在身、口、意三方面种成功的因，那么，就一定能结成功的果。基本的原则就是：像成功的人那样行为，像成功的人那样说话，像成功人那样思维。根本的一条就是：要和成功的人在一起学习、工作和生活，学习他们的思维方法，学习他们的语言方法，学习他们的行为方式。时间久了，形成了成功的生活习惯，就一定能成功。这是佛教的智慧。

长乐先生： 纵观古今中外，许多人之所以能够成功，是因为紧紧跟在一位成功人士的后面。每个人的成功都不是侥幸得来的，都有其必然的理由。在这些理由中，很重要的一条就是：成功者有时会站在巨人的肩膀上，有一大批更为成功的人在帮助他。

比尔·盖茨之所以能够成功，也是因为他在创业初期遇上了一位名叫斯蒂文·扎布斯的成功人士的帮助。事实上，这样的例子还有很多。一个名叫汉斯的年轻人从哈佛大学毕业之后，进入一家企业做财务工作，但他更想做的是投资基金的经理人。为了调整状态，他出去旅行。在飞机上，汉斯看到邻座的先生正拿着一本投资基金方面的书，就与他攀谈起来，双方很自然地就转入了有关投资的话题。汉斯觉得特别开心，把自己的观点以及现在的职业与理想都告诉了这位先生。这位先生静静地听着，时间过得飞快，飞机很快到达了目的地。临别的时候，这位先生给了汉斯一张名片，并告诉汉斯，他欢迎汉斯随时给他打电话。出于礼貌，汉斯接下了那张名片，但并没有在意，毕竟对方只是个再普通不过的中年人。回到家里，汉斯在整理物品的时候发现了那张名片，仔细一看，大吃一惊，邻座的先生居然是著名的投资基金经理人！汉斯毫不犹豫，马上提上行李飞往纽约。一年之后，他成了一名优秀的投资基金经理人。

星云大师： 佛光山开山40多年来，有的人只见到出家法师众多的"果"，却没有看到我们付出了多少辛苦培养僧才的"因缘"；有的人只见到在家信徒众多的"果"，却没有看到我们花了多少心思教育信徒培植"因缘"。四五十年来，我看到千万僧信和佛光山紧紧结合，大家一起成长，心中感到无限欣慰。但我也看到少部分人因为因缘不顺，为了一句话、一件事、一个脸色、一个神情，离弃宝贵的信仰，甚至倒行逆施、妄语谤法。上焉者懂得及时追悔，犹可挽救；下焉者一路错误到底，终至万劫不复的地步。所谓"失之毫厘，谬以千里"，吾人对世事因果岂可不明辨慎思？记得过去我由于年轻气盛，只知直心讲理，不知人情世故，每遇阻难当前，三思反省，才发觉自己在无意中伤害了别人。因此，我学习改变立场，改善关系，有了这个"因缘"，结"果"赢得了许多珍贵的友谊。

长乐先生： 如果让我去给年轻人讲成功的捷径，那就是：不要放过你身边的每一个成功者。没有哪个人是随随便便成功的，每个成功的人肯定都有不同的人生胜解。如果你也想取得和他们一样的成功，那么，最快捷的办法就是走近这些成功人士，并主动结交他们，然后从他们身上学习经验、品质、精神，虚心听取他们的建议。不管你能收获多少有用的东西，但与成功者交往，你总会觉得豁然开朗、耳目一新。汉斯对成为投资基金经理人的执念让他充满了这方面的能量，如果他没有那种强烈的渴望，就不会和邻座的旅客说那么多相关领域的见解；如果他的见解很浅薄，我想这位著名的投资基金经理人也不会贸然给出名片。有句名言是这样说的：20岁靠体力赚钱，30岁靠脑力赚钱，40岁以后则靠交情赚钱。交情即是人脉，人脉是巨大的资源。我们所说的人脉，既可以是取得巨大成就的成功者，也可以是我们身边那些在各自领域有所成就的人。

星云大师：《楞严经》云："因地不真，果招纡曲。"诚乃不虚之言也。我常对佛光山的弟子们说："我们要用'因果'的笔来记账，用正直的心来理财。"佛光山的账簿挂在墙上。信徒捐给佛光山的钱财，指定是用来出版杂志的，不会被挪用去购买香烛；指定是用来买水果供佛的，不会被挪用去购买饮食。因为佛光山的大众对信徒的每一分钱都能俯仰无愧，不错置因果。所谓"种如是因，得如是果"，想要身强体健，必须注重饮食、运动，培养良好的生活习惯；想要事业成功，必须精进勤奋、把握机会、分析市场趋势。

长乐先生： 不能错乱因果，这一点特别重要。人如果真正深信某件事会发生，不管这件事是善是恶、是好是坏，它就一定会发生在这个人身上。比如，一个人深信积极的事一定会发生在自己身上，积极的事就一定会发生，这是一种强烈的心理暗示。由此看来，有好的信念是一种福，想成功，首先必须建立好的信念。

星云大师： 我们遇事往往不去探究因果，因此我们会无明烦恼，甚至对因果产生怀疑，某甲布施行善，为什么如此贫穷？某乙为非作歹，为什么这么富有？其实，因果业报有现报、生报、后报；因果业网错综复杂，迟速不一，轻重有别，其间的"缘"很重要。成功之事亦然，一个人有才华固然是好"因"，但也要加上好"缘"，才能得到好的结"果"。追求成功的各位朋友不妨仔细回想一下自己的良因善缘，从那里去寻找成功的秘诀。

肆 端正者从忍辱中来

端正者忍辱中来，贫穷者悭贪中来，

高位者礼拜中来，下贱者骄慢中来，

喑哑者诽谤中来，盲聋者不信中来，

长寿者慈悲中来，短命者杀生中来，

诸根不具者破戒中来，六根具足者持戒中来。

——佛教「十来偈」

宁可不信佛，也不能不信因果

长乐先生： 今天和大师讨论一个很古老的话题——命运。命运是什么？古语有云：一命，二运，三风水，四积阴德，五读书，六名，七相，八敬神，九交贵人，十养生，十一择业与择偶，十二趋吉要避凶。儒家也有很多关于命运的论述，比如《论语·颜渊》中曰"死生有命，富贵在天"，主张"知命"；墨子提出"非命"；孟子主张"立命"，强调努力尽人的本分；庄子主张"安命"，"知其不可奈何而安之若命，德之至也"；王夫之提出"造命"，认识和追寻事物的必然性，人就可以主宰命运。诸子百家的言论，从各个角度为我们解读何为"命"提供了参考。

星云大师： 世间之人最关心的问题，莫过于"自己"，而自己的问题中，又以"命运"为最大。因为一般人对自己的明日不能预知，对自己的前途无法掌握，便想探索命运，甚至把一切归咎于命运。比如，有的人从小到大学业顺利、事业成功、爱情得意、家庭美满，一切都很顺心如愿，他就庆幸自己有好的命运；有的人一生坎坷、挫折不断，他就感叹造化弄人、时运不济。人究竟有没有命运呢？我以为，所谓命运，其实就是因缘。

肆

端正者从忍辱中来

长乐先生：之前和大师聊成功时，已经涉及"因缘"。佛教认为，世间一切现象的发生与消灭都要受因果律的支配，有因必有果，这是佛教的根本道理之一。佛教讲"三世因果"，所谓"三世"，是指时间上的过去世、现在世与未来世。有一句名言曰：欲知前世因，今生受者是；欲知后世果，今生作者是。这是不是就是大师所讲的命运的"因缘"？

星云大师：命运的产生，其实是三世因果的现象。从佛教的角度来讲，生命是通于三世的，我们每个人都有过去、现在和未来三世流转的生命，而生命流转的经过就是"十二因缘"。"十二因缘"说明：有情众生由于无始以来的一念"无明"，造作了各种"行"为，因此产生了业"识"，随着业识投胎而有"名色"，继而"六入"（六根）成形，借着六根接"触"外境而产生感"受"，而后生起"爱"染欲望，进而有了执"取"的行动，结果造下业"有"，"生"命的个体就此形成。有了"生"，终将难免"老死"，"死"后又是另一期生命的开始。因为生命是三世循环不已，而三世循环的生命是靠着累世所造作的"业"来贯穿，所以，我们今生命运的好与坏，不是现世因缘决定的结果，而是过去久远以来多生多世所累积的善恶业力，到了此生都能现前，都能发芽，都能生长。因此，今生的幸与不幸，除了与今生的行为因素有关，也与过去世的因缘有关。

长乐先生："业"是佛教的专有名词，一个人做一件事，有时会对其他众生产生影响，如果这个人对其所做的事或对做此事的影响产生执着，那就形成此人的"身业"。若人有言说，并对其言说的内容及其影响产生执着，就有"口业"。若人起心动念，产生思想，并对其所想及其影响产生执着，就有"意业"。一般人在世间都会造身、口、意三业。通俗地讲，"业"就类似于"记录"。我理解佛教的说法，就是有业力，就会形成果报。我曾经去过一个城隍庙，进门的牌匾上写着"终有一天等到你"，很通俗，告诫众生"善有善报，恶有恶报"的道理。

星云大师：三世的生命，好好坏坏，互为因果，所以，今生的幸福、富有、荣华富贵都与前世的好因好缘有关。这就如同我们赞美资质优秀的儿童"天赋异禀"，"天"就是因果，因为他有过去所作所为的"基因"，到了现世因缘成熟，自能显现他的聪明才智。反之，有的人今生穷困潦倒、挫折不断，也不要怨天尤人，怪你怪他，这也是其前世的作为——业力所招感的结果。刚才总裁讲得很对，从佛教的因果观来看，每件事都有其因缘，而主要的原因，就是业力。《正法念处经·地狱品》中说："火刀怨毒等，虽害犹可忍，若自造恶业，后苦过于是。亲眷皆分离，唯业不相舍，善恶未来世，一切时随逐。随华何处去，其香亦随逐，若作善恶业，随逐亦如是。众鸟依树林，旦去暮还集，众生亦如是，后时还合会……""业"维系着我们三世的生命，从过去到现在，从现在到未来，生生世世永无休止，轮回不已。

长乐先生：但是，命运的好坏也有主观评价的一面，乐天派看到的是沙漠中的露水，悲观者看到的是河流中的沙石。儒家讲，要在安命、知命中立命、造命，在立命、造命中也要懂得安命、知命，不断进取，又心安理得。如果真能做到无我相、无人相、无众生相、无寿者相，见诸相非相，何来命运之担忧呢？

星云大师：儒家所讲有理，了解"因果"可以使人乐观进取。像我生来五音不全，说话乡音难改，自忖这与往昔"因果"有关，便不会恼怒生气；受到别人的冤屈伤害，想到此乃宿世"因缘"所致，便不会灰心失望。经云：随缘消旧业，更莫造新殃。虽然宿世的恶业形成今世的障碍，但我深信，只要肯耐心培养当下的善缘，改善过去的恶因，未来必定有无限的希望。所以，我学习发展其他长处，努力读书以撰文和人结缘，由于有了这个"因缘"，结"果"文学的钥匙为我开启了一片宽广的天地；我学习坚守承诺、永不退票，由于有了这个"因缘"，结"果"我获得了许多人的信任；我学习给人欢喜、满人所愿，由于有了这个"因缘"，结"果"许多人都乐于和我共事；我学习坚忍不拔、吃苦耐劳，由于有了这个"因缘"，结"果"我冲破了许多难关。

长乐先生：关于天生的东西，学者陈衡哲曾经做出相当靠谱的总结："……世上的人对于命运有三种态度：其一是安命，其二是怨命，其三是造命。"安命者说："得之，我幸；不得，我命。"怨命者说："命运是偏心的后娘，我对她恨之入骨！"造命者说："只有想不到的，没有做不到的，办法永远比困难多。"世界上没有哪件事是偶然发生的，态度决定一切，每一件事的发生必有其原因。这是宇宙最根本的定律，人的命运当然也遵循这个定律。认同因果定律的不仅有

肆

佛教，还有基督教和印度教等。古希腊哲学家苏格拉底和大科学家牛顿等人，也认为这是宇宙最根本的定律。人的思想、语言和行为都是"因"，都会产生相应的"果"。如果"因"是好的，那么"果"也是好的；如果"因"是坏的，那么"果"也是坏的。种"善因"还是"恶因"由人自己决定。所以，造命者必须先注意和明了自己的每个想法会引发什么样的语言和行为，这些语言和行为又会导致什么样的结果。

星云大师： 信佛重要，还是信因果重要？我个人认为：你可以不信佛，但不能不信因果。因为不信佛，佛祖不会气恼怨怪我们，降罪伤害我们，所以，信佛固然对人生有很大的帮助，但不信佛也不会产生不好的后果。但是，不信因果、不明因果、不知因果、不顺因果而行，则后果不堪设想。因为因果是亘古至今而不变、历万劫而常新的真理。大至国家兴衰，小至个人得失，追根究底，其中的一切过程，唯有"因果"二字能予以说明。1949年，我初来台湾，挂单中坜圆光寺，常看到住持妙果老和尚写一首偈语送给信徒：三宝门中福好修，一文施舍万文收，不信但看梁武帝，曾施一笠管山河。在敬信之余，我心中琢磨：佛教本身固然是上好的福田，但身为佛子的我们如何将这块福田的价值发挥到极致？1954年，慈航法师舍报圆寂，我恭读其遗偈：法性本来空寂，因果丝毫不少，自作还是自受，谁也替你不了。因此，我更加提醒自己要不昧"因果"，慈悲利众。如今，眼看世事沧桑、岁月无情，我深深感到，"因果"不是哲理，而是一种宇宙人生的真相。

习惯控制命运

长乐先生：最近，我的几个朋友——都是几十年的大烟鬼——奇迹般地戒烟了。我特震惊，因为之前他们每个人都多次戒过烟，用药物、针灸、戒烟糖……最后都没成功。有人说过一个笑话：戒烟太容易了，我都戒了几十次了。那么，他们用了什么特别神奇的手段？他们告诉我，仅仅是因为看了一本书，叫《这书能让你戒烟》。我很好奇，想知道这本书到底讲了什么，我的朋友告诉我，不抽烟的人看不懂这书。我借来翻了翻，里面没有什么抽烟有害健康之类的图片或论述，更像一本心理学著作。我问朋友："到底书中什么内容打动了你？"朋友说："就是看完觉得抽烟是一件很无聊的事，于是就戒掉了。"我觉得很神奇又很自然，心里不想了，坏习惯自然就戒掉了。现在最高兴的是这几个朋友的家人，终于不用吸二手烟了，床上没有不小心烧破的洞了，不用天天洗沾了烟灰的衣服了。他们的家庭生活都因此变得幸福和谐许多。

星云大师：每个有自省精神的人，其实都知道自己的坏习惯，却难以将其改正，因此，习惯控制命运。

习惯左右命运，习惯成自然，习惯成了你命运的控制者。

肆

端正者从忍辱中来

其实，看上去很难改掉的习惯是可以改掉的，一旦改掉，命运也会潜移默化地发生变化。除了习惯，迷信也会控制命运。说起迷信，它在我们的社会里是非常多见的。有的人，不管做什么事都要看日期才放心，其实这又有多少值得信凭的呢？有些人，结婚的时候看过日期，千挑百选找了一个黄道吉日，最后不也离婚了吗？有人说女人怀孕不可念《金刚经》，因为金刚的力量太大，会把胎儿冲坏。其实，《金刚经》乃般若圣典，怀孕期间持诵此经，不但不会伤害胎儿，反而能让小孩子有良好的胎教，增长智慧。

迷信的行为如同一条绳索，把我们的手脚捆绑起来，使之无法动弹。

长乐先生： 关于迷信，新东方的创始人俞敏洪曾讲过自己的亲身经历："20岁的时候，我在大学里，和同学在宿舍里没事干，就开始算命，所谓算命就是拿一本《新华字典》，翻到第几页，说第几个字就是几十岁的命运。……但是我当时在北大的生活比较痛苦，所以我就说我要看看我30岁的时候命运怎么样。结果在字典里翻到的是出殡的'殡'字，当时就感觉极度恐惧。从20岁到30岁这整整10年的生命就浪费在了这种恐惧之中，当然，并不是每天都在恐惧，但是一想起这个事情我就害怕。……我再举一个例子，在'非典'时期，我对新东方心急如焚，到大觉寺喝茶，看见那儿有抽签的，我就说抽一抽吧，看新东方到底怎么样。结果抽出来一个下下签，把我吓得魂飞魄散。到第三天，想来想去睡不着觉，所以又跑到了大觉寺。我说，我再为新东方抽一签，看看到底是什么签，结果抽出来的是上上签。大家可以看到，这种预测变得没有任何意义。当你开始用迷信和数字来对自己的生命做出安排的时候，实际上你对自己已经失去了信心。"

星云大师： 人在失去信心的时候，的确会寻求神灵的感应，祈求保护。所谓"心诚则灵"，你在困难的时候一定要不断给自己信心，这种信心会产生感应的力量。有位禅师正在开示"阿弥陀佛"名号的功德，有个青年不屑地反问禅师："一句'阿弥陀佛'只有四个字，怎么有那么大的威力呢？"禅师不回答他的问题，只责备他说："放屁！"青年一听，怒气冲天地指着禅师责问："你怎么可以骂人？"禅师平静地笑道："一句'放屁'才两个字，就有这么大的力量，何况'阿弥陀佛'是四个字，怎么会没有威力呢？"其实，有感则应，日常生活中，喝茶解渴、吃饭能饱，只要你留心，何处没有感应呢？

长乐先生：我觉得，你信什么，就会吸引什么样的能量场。人的心念总是与和其一致的现实相吸引。

如果一个人认为自己的人生道路充满陷阱，出门怕摔倒，坐车怕交通事故，交朋友怕上当，那这个人所处的现实就是一个危机四伏的现实，稍有不慎，就真的会惹祸。如果一个人认为这个世界上的很多人都是讲义气的血性之人，那这个人就总会碰到与他肝胆相照的朋友。为什么？因为人都是选择性地看世界，只看得见和留意自己相信的事物，对自己不相信的事物就不会留意，甚至视而不见。所以，人所处的现实是被人的心念吸引来的，同时，人也会被与自己心念一致的现实吸引过去。这种相互吸引无时无刻不在以一种让人难以察觉的、下意识的方式进行着。

如果一个人的心念是消极的或丑恶的，那他所处的环境也是消极的或丑恶的；如果一个人的心念是积极的或善良的，那他所处的环境也是积极的或善良的。如果一个人能控制自己的心念，使之专注于对自己有利的、积极的、善良的事物，那他就会吸引善念，善念也会吸引他，这样他就会生活在善念中。

所以，控制心念是命运修造的基本思路。

星云大师：情念也会控制命运。在我们的一生中，感情牵绊对我们的影响最深。有些人因感情不顺而毁掉自己的前程，这样的事例比比皆是。感情如果处理不当，不幸的命运就会如影随形，接踵而来。有的人挣扎得出名缰利索的桎梏，却摆脱不了情丝的纠缠，对家族的亲情、对朋友的友情或对男女的爱情执着放不下，活在痛苦的泥沼里。要免除感情的束缚，必须持有智慧的利剑，怀抱豁达的胸襟，控制感情，而不为感情所驾驭。

长乐先生：亲情也是一种控制。亲人的鼓励可以增加孩子的力量，但亲情的包袱有时也会成为孩子求道的障碍。父母越对孩子好，越觉得孩子是属于自己的，当孩子不听话时，就越觉得伤心。而这种伤心也会成为孩子的负累，让孩子屈从屈服，最后变成亲情的奴隶。很多孩子30多岁了，本该而立，却找不到自己，不知道自己是谁，不知道自己喜欢什么、能干什么，因为他们长期处在家庭的保护下，丧失了独立思考的能力。所以，在孩子的教育上，我很赞成西方的观点：孩子虽然是你生的，但他是独立的人，永远不属于你。你永远不能替孩子决

肆

定该做什么、不做什么。你把他抚养到18岁，就应该像射箭一样放手，让他自己去闯荡、去飞翔。

星云大师： 30年前，我去澎湖弘法布教。有位卸任镇长的侄女，十七八岁，才华洋溢，登台演说佛法，受到众人的爱戴。大家看到她优秀，就鼓励她到台湾就读佛教学院，进一步研究佛学。她说："不行！父亲说年老的祖母身体违和，需要人照顾。"为了祖母，她放弃了继续深造的机会。20年过去了，祖母在她的悉心照顾下安详地走了，她也由少女而近不惑之年。40岁，人生还大有可为，有人劝她赶快把握机会充实自己，她支吾地说："父母亲交代，伯母年纪大，需要人侍奉。"再度蹉跎，10年过去了，她已经50岁，迈入老年的晚境，当年的英发气韵已经不见，年轻时代的理想抱负随着岁月的流逝而消失。她一生的命运，在亲情的指示命令下牺牲了。社会上，有多少人才在亲人的温情包围下被无谓地埋没了。父母爱护子女，应该让孩子有自己选择、决定自己人生方向的权利，而不是一手导演子女的人生，留下无奈的憾事。

长乐先生： 这就是亲情的控制。但是，我们不能一味地怪父母和亲人宠爱自己、控制自己，也要反思自己是不是安于温室，习惯于安稳不变的生活。我一个朋友的孩子去年考大学，考的分数很低，但他毫无难过之心，反而问他爸爸："我这分数肯定上不了大学了，你们是不是要送我出国了？"他爸爸听了之后又气又伤心，跟我说，孩子上幼儿园、上小学、上中学，都是他跑断了腿找人托关系，自己省钱也要让孩子上好学校，没想到最后孩子会这样想。这真是中国式教育的悲哀！

星云大师： 最后，权力也会控制命运。人有了钱财之后，更汲汲于权力的追求，所谓有钱有势，如虎添翼。但是，权力欲容易腐蚀我们纯真的本性，有多少人在吆五喝六的威势中丢失了宝贵的家珍。控制命运的权力，有神权、政权、欲权等几种。神权指的是唯神明的指示是从，自己没有智慧来判断是非，"不问苍生问神明"，把人生交托给神明主宰，实在是愚蠢的行为。依照佛教的说法，天神也免不了因果轮回，如何有力量操纵我们的命运呢？政权是一股影响大众命运的巨大力量。反观现代人，生存在开放、民主、进步的国家和社会里，比起那些沦亡于暴虐、极权、冥顽的人间炼狱中的人，是何等的幸福。最后是欲权，我们常被欲望所牵引，成为欲望的奴隶。

长乐先生：大师讲的欲权，应该是特指欲望，就是贪心，贪心的权力是很难控制的。贪心是指想占有自己喜欢的东西的心态。在经典里，贪心被比喻成水。水是生活中不可缺少的东西，但水不能过多，不然的话，水是会带来洪灾的。我们吸收外在的物质太多，快乐不仅不会随之增长，反而会减少。

心怀慈悲，即为福田

星云大师：一位师父在禅定中知道自己疼爱的徒弟只剩几天寿命了，心想：他小小年纪，怎么能承受得了这样的打击呢？天一亮，师父将小沙弥叫到跟前说："你好久不曾回家看望父母了，回去和父母聚一聚吧！"小沙弥高兴地回家乡去了。过了七天，小沙弥还没有回来。当师父正郁郁不乐时，小沙弥突然回来了。师父大为惊讶，上下打量他说："你怎么好好地回来了？你做了什么事吗？""没有呀！"小沙弥迷惑地摇头，又想了想说，"我在回家途中经过一个池塘，看到一群蚂蚁被困在水中，我捡了一片叶子，把它们救上了岸。"师父听了之后，马上再次观看徒弟的命运：这个孩子不仅去除了夭寿之相，而且有百岁的寿命。小沙弥的一念慈悲，不但救了蚂蚁的性命，也改变了自己的命运。

长乐先生：1991年9月，"柏林墙守卫案"开庭。接受审判的是四个不到30岁的年轻人——他们曾经是东德柏林墙的守卫人员。两年前的一个冬天的夜晚，刚满20岁的克利斯和他的朋友高定一起偷偷爬上了柏林墙，准备逃往西德。几声枪响，一颗子弹从克利斯的前胸穿入，高定的脚踝也被另一颗子弹击中。克利斯很快就断了气，射杀他的东德卫兵叫英格。英格没有想到，柏林墙被推倒后，自己最终会站在法庭上，因为杀人罪而接受审判。柏林法庭最终的判决是：英格被判三年半徒刑，不予假释。英格的律师辩称，"他们仅仅是执行命令的人，根本没有选择的权利"。法官指出："明明知道这些逃亡者是无辜的，还杀他们，就是有罪。作为卫兵，不执行上级命令是有罪的，但打不准是无罪的。你有把枪口抬高一厘米的选择，这是你应该主动承担的良心义务。"

星云大师：你有救一群蚂蚁的能力，也有把枪口抬高一厘米的能力，命运的关键性逆转就在一念间。那么，为何不种一亩福田呢？帮助别人是最好的结缘方式，在欢喜、和乐的气氛中，为彼此增加好因好缘，不仅对方受惠，自己也获利。分享和布施是一件令人愉快、满足的事情，它意味着自身的富有，透露着至真至美的心底。

长乐先生：明朝袁了凡留下了一本家训，叫《了凡四训》，教诫他的儿子袁天启认识命运的真相。在书中，袁先生以他自己改造命运的经验现身说法。原著是用文言文写的，我用白话文大概转述一下他讲命运的一段内容：

我童年丧父，母亲要我放弃学业，改学医。后来，我在慈云寺碰到了一位通命学的老人，他推算我县考应该考第14名，府考应该考第71名，提学考应该考第9名。我便去读书，果然三处考试一一应验。先生还推算我哪一年考第几名，哪一年应当补廪生，哪一年应当做贡生，哪一年当选为四川省的一个县长，上任三年半后，便辞职回家乡，到了53岁那年八月十四日的丑时，就该寿终正寝，命中没有儿子。

这些话我都一一记录下来，从此以后，每逢考试，所得名次都一一应验。我当选了贡生后，有一次到栖霞山去拜见云谷禅师。我与禅师面对面打坐三天三夜。禅师问我："凡人不能成为圣人，只因为妄念，而你静坐三天，我不曾见你起一个妄念，这是什么缘故呢？"我说："我的命被算定了，就算要胡思乱想什么，也是白想。"云谷禅师笑道："我本以为你是一个了不得的豪杰，原来只是一个庸庸碌碌的凡夫俗子。"

云谷禅师说道："平常人，只要这颗一刻不停的妄心在，就要被阴阳气数束缚。若是一个极善的人，数就拘他不住了。做极大的善事，就可以使苦变成乐。而极

肆

端正者从忍辱中来

恶的人，数也拘他不住。做极大的恶事，就可以使福变成祸。你20年来的命都被算定了，你不曾把数转动一分一毫，结果你反而被数给拘住了，就是凡夫。"我问："这个数可以逃得过去吗？"禅师说："命由我造，福由我求。只要做善事，命就拘他不住了。"

星云大师：修福的确可以转坏命为好命。有的人认为自己罪恶滔天、恶贯满盈，永远无法扭转命运，其实不然。佛教认为，再深重的恶业也可以减轻。好比一把盐，如果你将它放入杯中，水当然咸得无法入口。但是，如果你把它撒在盆里或大水缸中，咸味自然减淡。罪业的食盐不管如何咸涩，只要福德因缘的清水放得多，仍然可以化咸为淡，甚至甘美可口。一块田里，虽然杂草和禾苗并生在一起，但只要我们持以精进，慢慢除去芜杂的蔓草，等到功德的佳禾长大了，即使再多一些蔓草，也不会影响收成。因此，深重的罪业可以借着广植福德而改变。

长乐先生：所有福田，都在人的心里。福离不开心，心外没有福田可寻。我的一个朋友下海做公司，辛辛苦苦两年多，一盘点，刨去各种投入，自己一分钱没挣，老板给员工和国家打了工。我前不久打电话给他，本想安慰他几句，没想到他自己想通了，这样和我说："以前我做善事给希望工程捐款，现在我做企业，权当做了两年善事。虽然我自己一分钱没挣，但我养活了几十个员工，提供了若干就业岗位，给国家缴了十几万的税，我没白忙活！"我觉得我这朋友有福根！换句话说，我觉得，为了种福田而求仁、求义、求福、求禄，是必有所得的。孟子说，求之有道，得之有命。倘若你命中不见得如你想象般富贵，但你一心要求，那不但身外的功名富贵求不到，而且因为过分的乱求、过分的贪得，为求而不择手段，就会把心里本有的道德仁义也失掉，这岂不是内外双失吗？

星云大师：佛教不讲主宰，而讲因缘，如果勉强要说有个主宰，自己就是主宰。因为世间无常，在无常里，只要自己改变因缘，就可以主宰未来的结果；因为人生没有定型，只要我们修正、改善、改良自己的行为，自然就能改造自己的前途、命运。因此，个人的贫富贵贱会受到后天的社会政治、经济、教育、文化等因素的影响，乃至朋友的资助或拖累，也会影响一个人的前途。一个家庭幸福平安与否，除了取决于家长主宰一家经济生活之有无以外，家中的每个成员也都具有举足轻重的影响。甚至一个国家经济的好坏，也会受到国际局势以及国内的地理、气候、民风等因素的影响。所以，一切都是因缘在主宰。如何培养好因好缘，主动权掌握在我们自己手里。所谓"善缘好运"，只要我们平时广结善缘，自然就会有好运。因此，想要有光明的前途与美好的未来，积聚善业是很重要的不二法门。

　　长乐先生：我再强调一下"缘"。佛教讲，宇宙中各种现象都是无明生，除了无明这个主因外，还要有一些外在的条件共同参与，这些条件就被称为"缘"。用通俗的话讲，"缘"就是条件、机缘。在使一件事发生的所有条件中，影响最大且最主要的称为"因"，其他的则称为"缘"。在"果"没有发生前，"因"是永不会消失的。而"缘"对一件事的发生而言，只是"偶然的际遇"，因此有"因缘际会"之说。如果你走在善的道路上，结交的都是正能量的人，那么，因果事情发生时，你就较有机会得到善缘相助，以化解因果，使伤害减低。反之，就会有恶缘加入，使果报伤害更严重。我们也许无法改变这个主因，但可以改变"缘"。如果你正从事一项你不太喜欢的工作或处在一段不太理想的婚姻中，一时不能改变这种状况，很痛苦，我建议你不妨从改变各种"缘"开始，积累善缘，积少成多。一定要相信，足够多的好"缘"会把你带往人生理想的方向。

一念可以成佛，一念可入地狱

长乐先生：一个人找大师算命。大师说："你伸出手来。"来人依言。大师问："你在你掌心看到什么？"来人说："我的命运线啊。"大师说："命运都掌握在你手心中，何必来问我啊？"小故事一则，命运在谁手中，一目了然。所以，怎样改变自己的命运？就是要改变自己。

星云大师：改变自己的什么？首先是改变自己的观念。观念可以改变命运。佛陀成道之后，为我们揭示减除人生痛苦的方法——八正道。八正道中最重要的就是正见，正见建立了，其他的七正道有了准则依据，才不至于出差错。所谓正见，就是正确的见解、正确的观念。譬如，希特勒虽然有超人的智慧，但他缺乏正知正见，妄想征服世界和人类。他建立了许多集中营，虐待无辜的战俘。他个人的邪知邪见，不仅改变了欧洲历史，带来了惨绝人寰的浩劫，还影响了德国的命运。因此，佛教认为，一个人行为上有了瑕疵，还有挽救的机会，但如果观念偏邪不正，其对人类造成的祸患将更大，解救之道就更难了。

长乐先生：一念三千，真实的故事就在我们身边。2013年7月23日，39岁的北京人韩磊因为停车问题，和一位推着婴儿车的母亲发生了冲突，将其两岁多的女儿当场摔死。你是不是觉得这个韩磊是个丧心病狂的疯子？如果你走近他，你会惊讶地发现，他原来是个才子，写过40万字的小说，还写过一首诗，名为《四月》。诗中有几句很有意思："你指那苍茫的大海，说生命不过是沧海一粟。从海面到洋底的距离，便是你我的人生之路。"我想，在他举起女婴向下摔的那一瞬间，他的人生就从海面永远沉到了海底。这就是一念之差。

星云大师：一念可以成佛，一念也可以堕入地狱。一念的差池，根本的原因是缺乏长期坚信的东西，或者说叫缺乏信仰。信仰可以改变命运。信仰的力量我不必多说，而信仰的对象我认为并不局限于宗教。艺术家视艺术的完成为其信仰，甘愿呕心沥血地从事艺术创作。宋朝的岳飞，毕生以"精忠报国"为信念，最后终于求仁得仁，竭尽了忠诚，献出了生命。他对国家尽忠的信仰，就是他自己选择的命运，他为中国历史树立了一种忠义凛然的形象，至今仍然影响社会民心。在各种信仰中，宗教给人的力量极大。一旦对宗教产生信仰，对于人生一切的横逆、迫害，我们不但能不以为苦，而且能甘之如饴地接受。对宗教的虔信，使我们有更大的勇气去面对致命的打击，使我们有宽宏的心量去包容人世的不平，而拓展出截然不同的命运。

长乐先生：中国道家的老子说过，道生一，一生二，二生三，三生万物。

很多人不知道老子所说的"道"是什么，"一""二""三"又是什么。老子的意思究竟是什么？我认为，可以把"道"理解为"未知之事的确据，所望之事的实底"，而"一"，大抵就是人对"道"的理解，即信仰层面的东西，它将决定你对"命"的看法，引导你人生的选择。而不同的行为选择，可能是"二"，它导引出不同的物质文明的结果，也就是"三"。

人类的文明取决于人对"道"的信仰。今天我们有些人变得急功近利，只看得见短期目标，比如考大学、找工作、升官、挣钱，就是缺乏对"道"的信仰。一旦目标没有实现，生命的亮光就会立即彻底消失。

凡尘中的人无法摆脱生命的不确定性和世界的无常，必须在黑暗中点亮永恒的灯塔。我们可以不信宗教，但一定要有对命运的理解，不同的理解将把我们的命运导引到不同的方向。

星云大师：除了观念和信仰，结缘也可以改变命运。人为社会的一员，不能离开社会，我们一生的命运和社会大众有着密切的关系。因此，我们如果想事事顺心、运道亨通，就必须和他人保持和谐的来往。佛教讲的"结缘"，就是建立良好的人际关系的意思。经上说："未成佛法，先结人缘。"我们要广结人缘，给人以方便，结缘越广，回报给自己的方便就越大，助人即助己。虽然我们不断地付出，帮助别人，但其实我们帮助的是自己，因为自他不是对峙，而是一体，唯有在完成他人中，才能完成自己。因此，菩萨以众生为修行的道场，广施慈悲，从对众生结菩提法缘中成就佛道。结缘不仅能改变我们的命运，而且是进趋佛法的重要门径。在日常生活中，一个亲切的笑容、一句鼓励和赞美、一次举手之劳的服务、一次真诚的慰问关怀，都能带给对方莫大的快乐，增进彼此的感情。结缘，使我们的人生更宽润、命运更平坦，何乐而不为呢？

长乐先生：我要求自己每天夸奖三个员工。我原来没有这个习惯，后来我偶尔夸了一个人，他立刻像上了发条一样。从那以后，我给自己立了一个规矩：每天要夸三个人。有时候我还要问问秘书：我今天夸到三个人了没有？不管是不是对工作绩效有激励，反正受到夸奖的员工脸上的快乐是很真实的。

星云大师：善言好话也是施舍，也是功德。最后一条，持戒也可以改变命运。持不杀生戒，可以转短暂的寿命为长寿；持不偷盗戒，可以化贫贱的生活为富有；持不邪淫戒，可以保持家庭的幸福美满；持不妄语戒，可以获得别人的信任赞誉；持不饮酒戒，可以常保身体的健康以及理智的清明。持戒能将原本坎坷的命运改变成福乐安康的命运。如依照以上法则，改性、换心、回头、转身，命运一定会随之改观。现在医学发达，有人得了心脏病，换个心脏，仍然如生龙活虎般充满活力。人间的许多痛苦都起因于不知回头，平时我们只知道向前挤进，甚至把自己赶入烦恼的牛角尖而浑然不觉，凡事要留个转身的余地，退一步想，说不定人生大可不同！

长乐先生：人的杂念妄念就像花园里的杂草。杂草不需要专门的照料和养分，它自己就能长得茂盛。如果不管它，花园就会杂草丛生。所谓"时时勤拂拭"，我和大师今日唠叨这许多，也是希望朋友们有空没空的时候，多照顾一下自己的心灵这个花园，精心栽种善念，戒掉不好的习惯。请你一定要先爱自己。一切利他的思想、语言和行为的开端，就是接受自己的一切并真心地喜爱自己、相信自己。只有这样，你才能以爱己之心爱别人、爱世界，你才可能有真正的欢喜、安定和无畏，才可能有广阔的胸襟。如果你不喜欢、不满意自己，那你是无法真正喜欢别人的。这一点非常重要。有些人把爱自己等同于自私自利，这是误解。仔细体会，你会发现，如果你对自己不喜欢、不满意，那你就会很容易生出嫉妒心和怨恨心。自己也是众生中的一员，爱众生的同时为何要把自己排除在外？所以，请先好好认识自己，先跟自己做好朋友，再谈爱其他。

人生有两件事不能等

长乐先生：有句话叫知易行难，意思是世间很多事，明白了不一定能做到。了解了命运，不代表能改变命运。要改变命运，不得不谈一种很关键的能力——意志力。意志力并不是人人生来都有的，它必须靠自我领悟、自我约束、自我修行来获得。意志力源于人心的自主力量。我身边有些朋友，虽然有心改变现状，但意志力薄弱，心里的想法变来变去，三天打鱼两天晒网。他们把改变命运的希望寄托在拜佛上香上，有的人甚至千里迢迢跑到东南亚去求佛。我替他们请教大师，到底可不可以求神来改命？

星云大师：一个人有心向上、向善、向好，总是善的因果，如果他求朋友助他一臂之力，只要是好的朋友、有力量的朋友，都会不吝伸出援手。反之，即便是子女，如果他素行不良、为非作歹，向父母需索无度，明理的父母也不会满足他，否则，爱之适足以害之。同样，我们求助于神明的保佑，如果你如法而求，不做违背因果之想，就像是官员，不贿赂，不私相授受，不私自图利他人，不假公济私，那么，在合情、合理、合法的情况下，你都能获得一些助缘。不过，你想收获什么，就必须先栽种什么。所以，一个人只要自己培养的福德因缘具足，即便没有神明帮助，只要缘分一到，也什么都能如愿；如果没有福德因缘，即便向神明求助，也无济于事。不用说神明不能私自以他的权力来决定一切，即便他有神通威力，如果不依法行事，也不能称之为神明。

长乐先生：正如大师所言，很多时候我深深感到，一分耕耘不一定有一分收获，但十分耕耘一定有一分收获。功夫到了，水到渠成。我创办了凤凰卫视之后，有些同行觉得凤凰卫视好运不断，就像天上掉馅饼，不停地往我们身上砸。实际上，好运气并不是自动落在我们身上的，也不是我拜神求佛求来的。之所以有好运气，是因为我们用心在做，努力在做。有人用"疯子"来形容我们，我觉得挺靠谱。我本人干起事业来就是个疯子，凤凰卫视是一个疯子带着几百个疯子在走。

关于凤凰卫视的疯劲，我把"凤凰"（PHOENIX）这个英文单词的每个字母的含义解读一下，大家就会明白了。

P：Passion of professionalism（专业主义激情）；

H：Honesty（诚信）；

O：Open（开放）；

E：Excellence（卓越）；

N：New（创新）；

I：Inclusive（包容）；

X：无限可能。

X代表未知，还代表我们所有凤凰人在做好任何一件事之后都要重新归零，重新从零开始、从零起步。

当然，我们的"疯"主要是疯在情绪和斗志上，在时势的把握、经济运营的把握方面，我们是非常理智的，体现的是智慧的光芒。

星云大师：一般人总以为佛陀神通广大，法力无边，想要做什么就能做什么。其实，佛不度无缘之人，佛陀也有无奈的时候。佛教认为，命运掌握在我们自己手中，任何力量都不能主宰我们的命运，即使是天神，也无法操纵我们的命运，我们才是决定自己命运的主人，我们才是创造自己命运的天才。神明没有能力把我们变成圣贤，上天也不能使我们成为贩夫走卒，成圣希贤都要靠自己。所谓"没有天生的释迦"，只要我们精进不懈，慧命的显发就是可期的。

长乐先生：有行动才有吉凶，做了善事种了善因，就会产生一股力量，把人的行动向吉处推。假若没有行动，这股力量要如何显现？所以，行善所带来的吉祥命运，只有在行动中才能显现出来。前不久，我在台湾参加浴佛节和母亲节的庆祝活动。佛光山将全台湾319个乡镇的模范妈妈请到现场，让她们穿上新衣、戴上红花，接受数万民众的祝福。马英九也在会上讲了话。他说，世上有两件事不能等，一是行孝，二是行善。我希望全天下的人都能珍惜现在和妈妈相处的时光，及时行孝，同时，要把对妈妈的爱大声说出来，让妈妈听到，让妈妈感觉到，让妈妈每一天都能像过母亲节一样快乐。

我看到，洋溢在10万民众脸上的，是感恩与感动。

这就是行动的力量。

星云大师：有个坏人名叫干达多，他一生作恶多端，只做过一件好事：有一次走路，他看到一只蜘蛛，本来一脚就要踏到蜘蛛的身上，可是他心念一转，赶紧收起脚，救了蜘蛛一命。干达多死后堕入地狱，蜘蛛有心想要报恩，就把蜘蛛丝垂放到地狱里去救干达多。地狱里受苦的众生一见到蜘蛛丝，都争先恐后地蜂拥过来攀住它，想要离开地狱。这时，干达多嗔心一起，用手狠狠地推开众生说道："走开！这是我的蜘蛛丝，只有我可以攀上去，你们走开！"由于干达多猛然用力，蜘蛛丝断了，干达多和所有的人再度落到了地狱里。佛陀感慨道："由于众生自私、嗔恨，一点利益都不肯给人，对人不够慈悲，不与人结缘，所以，纵使我有心想救他们，也是无可奈何啊！"

长乐先生：不肯宽恕，不够慈悲，佛陀想救你也是无奈！如果把消极思想比作一棵树，那么树根就是"嗔心"，把树根砍掉，这棵树就活不长。要砍掉树根，必须懂得如何宽恕。宽容是一门很难的幸福必修课。第一个需要宽恕和原谅的对象是你的父母，不管你的父母对你做过或正在做什么不好的事，你都必须完全、彻底地原谅他们。第二个需要宽恕的对象是所有以任何方式伤害过或正在伤害你的人。记住，你无须与他们勾肩搭背、嬉皮笑脸，你无须与他们成为好朋友，你只要简单地、完全地宽恕他们，就可以砍掉消极之树的树根。第三个需要宽恕的对象是你自己。不管你过去做过什么不好的事，请先真诚地忏悔并保证不再犯，然后，请宽恕自己。内疚这一沉重的精神枷锁不会让你有所作为，相反，它会阻碍你成为焕然一新的人。从前种种，譬如昨日死；以后种种，譬如今日生。

星云大师：自己的命运要靠自己创造，别人只是助缘，自己才是主因。你不自救，佛陀真的无奈！释迦牟尼佛未成道时，贵为一国的太子，享受无与伦比的人间欢乐，得到万民的景仰。但佛陀不以皇宫的生活为满足，不甘愿做个庸碌的凡夫，于是他舍弃一切荣华富贵、亲族情爱，独自走上追求真理的道路。而一切众生，也随着佛陀的证悟，开创了未来正觉幸福的命运。所谓"天助自助者"，自己不勤奋努力，只一味地祈求神祇赐予，这是"缘木求鱼"。就如同种田的人，自己不去开垦、耕耘、施肥、引水灌溉等，即便向神明磕破了头，也不会有金黄饱满的稻穗可以收获。

长乐先生：佛教讲过去、现在、未来三世因果，过去的宿业已然如此，现在和未来的命运却掌握在我们自己手里。因此，我们不必沉溺于对过去命运的伤感中，应该积极把握当下。我有一个创业的朋友，最近，我看到他的签名档上写着："我在忙着奋斗，来不及悲伤！"我觉得他很棒。创过业的人都知道，起步阶段百业待兴，在这时候，我们的力量最弱小、处境最困难，难免会有很多负面情绪，难免会做错事。我的这位朋友就是刚刚做了一个错误的决定，但他没有沉浸在自责、后悔、失望、悲伤的负面情绪里，而是向着自己的目标继续前进。我觉得这很难得，我想他一定能成功。

星云大师：所谓"求观音，拜观音，不如自己做观音"。我们向神明求助，只是为了增加希望和力量，终究还要靠自己努力。神明不是我们的经纪人，也不是我们的会计师。聘请一个经纪人或会计师，也要有利益给他，简单的几根香蕉、几个苹果，就要求神明赐给富贵、平安，这是不可能的。再说，我们求神明，是建立在贪念上，所求本身就不合法。

伍 长乐是智慧

乐活是一种大智慧。不管现实的境遇如何，不管你是贫困还是富有，都不影响你快乐生活的权利。我们所希望的人生，要能自度度人、自觉觉他，要发挥生命的意义和价值，这才是永恒的生命，这样的生命才能获得真正的快乐。

快乐在当下

长乐先生：我创建的第一个公司名字叫乐天。为什么起这个名字？一是因为我叫刘长乐，我特别希望自己有长乐的精神。哭也是一天，笑也是一天，不如开怀一乐。二是因为我非常喜欢白居易，白居易号"乐天"。在字典里，"乐天"除了有乐观的意思外，还有达观的意思，达观就是超然。超然不是针对红尘或政治的，超然是一种情绪和人生境界，我本人非常喜欢这种境界。我这个人，长乐长乐，肚子比较大，心也比较宽。怕黑就开灯，想念就联系。今年再大的事，到了明年就是故事。我经常出差，在飞机上、火车上，我能用一小时把当天的报纸全翻完，然后和同事说声"睡觉吧"，往往话音一落，我的鼾声就起来了。平时我即使发愁，也不过一两分钟光景，特别想得开。

星云大师：总裁难能可贵，能适时放下。所谓乐天，真的是一种难能可贵的人生状态。孔子"发愤忘食，乐以忘忧"，他一生教不倦、学不厌，不知老之将至。跋提王子山中居住，钵衣一饭，仍然乐在其中。退休的美国总统克林顿为自己规划未来的人生，我们从电视中看到他自己扫地、在洗衣机旁洗衣服、冲洗汽车、擦拭地

伍

长乐是智慧

板，豁达开阔，提得起，放得下，这都是因为他有乐观进取的精神，能够放下自我，安排自己的新生活。

长乐先生："发愤忘食，乐以忘忧"，到底是什么样的境界？我觉得，人只有在心态放松的情况下，才能取得最佳成果。什么心态最放松？越清明无念越好。所以，如果你把目标落到想要的理想人格、理想境界、理想人际关系和理想生活上，然后精进努力，发愤忘食，做你该做的，不要老惦记着这些东西什么时候到来，那么，这些东西的到来有时候会快到令你吃惊。你对结果越焦躁，就越不能得到理想的结果，甚至会得到相反的结果。云谷禅师要求了凡先生修炼无念无想的境界，并且告诉他：所谓无念，并不是心里一个念头也没有，而是有念头但不驻留，"无所住而生其心"。

星云大师：有一只小狗，整天追逐自己的尾巴兜圈子跑。大狗见了，不禁好奇地问原因。小狗说："难道你没有听说，我们狗儿的幸福是在尾巴上吗？我绕着圈子跑，就是为了追逐幸福，难道你不希望追求幸福吗？"大狗说："我只知道，只要我奋力向前走，幸福就会紧紧地跟在我后面。"人，不要活在过去的记忆中，不要活在得不到的妄念中，要相信未来比现在更美丽，有未来，才有无限的希望。

长乐先生：一个叫黄美廉的女子，从小就患上了脑性麻痹症（脑瘫），肢体失去平衡感，手足时常会乱动，口里也会经常念叨着模糊不清的词语。医生根据她的情况，判定她活不过六岁。但她坚强地活了下来，而且考上了美国的加州州立大学，获得了艺术学博士学位。在一次演讲会上，一位学生问她："黄博士，请问你怎么看自己？你有过怨恨吗？"黄美廉十分坦然地在黑板上写下了这么几行字：第一，我好可爱；第二，我的腿很长很美；第三，爸爸妈妈那么爱我；第四，我会画画，我会写稿；第五，我有一只可爱的猫……最后，她以一句话做结论：我只看我所拥有的，不看我所没有的！

星云大师：这位黄女士真是一位笑对人生的美丽女子！所谓"乐然后笑"，微笑是人类独有的表情，它不只是人脸上的动作，更代表人心里的快乐。家庭中充满了笑声，就代表一家的幸福、快乐、融洽。一个人若能时时以微笑来面对别人的冷酷，在人生的战场上，他必然能获得许多胜利。

长乐先生：《圣经》中这样形容聪明人："似乎贫穷，却是叫许多人富足的；似乎一无所有，却是样样都有的。"这句话形容这位乐观的黄美廉女士十分合适。据我所知，她还曾经多次到台湾开过画展。这样的人生观很健康，这样的人生也很惬意。

星云大师：人生诸多烦恼、不快乐都源于对未来想得太多。人不能控制过去，也不能控制将来，人能控制的只是此时此刻的心念、语言和行为。过去和未来都不存在，只有当下此刻是真实的。所以，修造命运的专注点、着手处只能是当下，舍此别无他途。人如果总是悼念过去，就会被内疚和后悔牢牢套在过去中无法解脱；人如果总是担心将来，就会把人不希望发生的情况吸引到现实中来。正确的心态应该是：不管命运是好是坏，只管积极专注于调整好自己当下的思想、语言和行为，那么命运就会在不知不觉中向好的方向发展。所以，有什么值得忧愁担心的呢？不如珍惜当下！

长乐先生：大师说得好！

在20世纪60年代末，一位哈佛大学的心理学教授就像吃了迷幻药一样，居然辞了职，跑到印度去见了一位大师。回来之后，他写了一本书，叫《活在当下》。这位心理学教授宣称：快乐、成就感和智慧的关键就是停止对未来做过多的思考。

这是一件很难的事情，因为大脑的额叶是人类的大脑在进化过程中最后形成的部分，也是成熟最慢、衰老最快的部分，它使人类的大脑拥有了一项其他任何生物都不具备的功能——思考未来。这使人类比其他动物多了预见灾难的能力，但人类也因此平添了许多烦恼。

我这人大概天生额叶不太发达，想当下比担忧未来要多，自然乐天，这种大大咧咧的性格使我比较开朗，大家觉得我老有笑的模样。我看到一位网友给"乐天"加了儿化音，我觉得这个词很准确。

星云大师：佛教也讲乐天风趣。悟道的禅师，不是我们想象中枯木死灰一般入定的老僧，真正的禅师，生活风趣，且具幽默感。在他们心目中，大地充满了

伍

长乐是智慧

生机，众生具备了佛性，一切都是那么活泼、那么自然。因此，他们纵横上下，随机应化，像春风甘霖一般滋润世间，有时也具威严，有时也至为幽默，这正是禅门教化的特色。

长乐先生：温州玄机比丘尼参访雪峰禅师。雪峰问她："从何处来？"答："从大日山来。"又问："日出了没有？"答："如果日出，早就融化雪峰。"雪峰又问："叫什么名字？"答："玄机！"又问："日织多少？"答："寸丝不挂！"雪峰心想，你真有这个本事吗？随口说道："你的袈裟拖地了！"这时，玄机猛然回头，雪峰大笑说："好一个寸丝不挂！"

星云大师：禅者的一生都处在变与不变的生命转化中，他们的话语不是无理取闹或哗众取宠，而是处处体现对生命的玲珑体悟。学禅，要有悟性，要有灵巧，明白一点说，就是要有幽默感。古来的禅师，没有哪个不是幽默大师，在幽默里，禅是多么活泼、多么锐利！

长乐先生：宋代大文豪苏东坡与佛印禅师留下了很多佳话，其中不乏有趣的幽默段子。"鸟"这个字在中国俚语里颇为不雅，苏东坡想用这个字开佛印的玩笑。苏东坡说："古代诗人常将"僧"和"鸟"这两个字在诗中对比，比如'时闻啄木鸟，疑是叩门僧'，还有'鸟宿池边树，僧敲月下门'，我很佩服古人以僧对鸟的智慧。"佛印回答："这就是我为何以僧的身份和你相对而坐的道理！"

星云大师：说到苏东坡与佛印，的确是有许多有趣的段子。苏东坡有一天到金山寺拜访佛印禅师，两人盘着腿对坐论禅。苏东坡问道："禅师看我这样子像什么？"佛印看了一下苏东坡，答道："像一尊佛。"说完，佛印反问道："学士看老僧像什么？"苏东坡看他穿着黑色大袍肥胖的样子，便答道："像一堆牛屎。"佛印默然。苏东坡心里甚是得意，以为几次斗机锋都输给禅师，这次可算赢回来了。晚上回家，苏东坡得意扬扬地把经过情形告诉了苏小妹。苏小妹一听，皱起眉头说道："哥哥，你输光了，还是佛印禅师赢了！"苏东坡如堕五里雾中，不明其中道理。苏小妹说："禅师的见处是佛，因此他看你也是佛；你的见处是牛屎，因此你看禅师也是牛屎。

做个可爱的老头

长乐先生：老话说："五十知天命。"何谓知命？"天命"二字最早应该出自孟子的话："莫之为而为者，天也；莫之致而至者，命也。"也就是说，一切都是事实的自然演变，没有什么超自然的主宰在支配。孔子说："其为人也，发愤忘食，乐以忘忧，不知老之将至云尔。"孔子又说："五十而知天命。"我现在已经60多岁了，活到这个岁数，我越来越通达快乐，因为一切祸福、荣辱、得失我都完全可以接受，不再疑讶，不再骇异，也不怨不尤。

星云大师：孔子说他"五十而知天命"，像孔子这样的圣人也是到了心智渐趋成熟的中年，才了解到宇宙人生的道理，可见乐天知命的不容易。但是佛教主张，除了顺应天命外，更要进一步洗心革命。

长乐先生：画家黄永玉曾在他的书中感慨："一梦醒来，我竟然也七十多了！他妈的，谁把我的时光偷了？"

用"可爱"去形容黄老先生可能有点不妥，但这的确是个很适合他的词。

伍

每个人刚出生的时候都是可爱的，可是长着长着，我们就把可爱丢了。人到老年，经历了世间的风刀霜剑，心态往往是平和甚至悲怆的。黄永玉不同，他老了，但手和心都还在忙。老先生曾经说，认认真真地做一项事业，然后凭自己的兴趣读世上一切有趣的书。

我觉得，人应该像黄永玉一样强烈而纯粹地活着，不管年纪多大，不管命运如何。如果我能活到黄老先生那么老，我也要像他那样痛快地感慨一番。

星云大师：姜太公以八十高龄始为文王赏识，老来一样能散发他生命的能量。生命是有分量的，正如古人所说："死有重于泰山，有轻于鸿毛。"生命之能量就是真如佛性，是人人本具、个个不无，只看一个人自我的努力。

长乐先生：松原泰道是日本的佛学大师，65岁那年，他发表了《般若心经入门》，因说法精妙，一举成名。当被问到此生的成就与作为时，松原泰道说："我的人生是从50岁开始的。以我的经验来说，五六十岁是人生的转折点，由此人生可分为两段：50岁以前是打基础阶段，在这个阶段，我们往往为立足社会、养家糊口而疲于奔命，基本上是为别人活着；50岁以后，经济基础已经奠定，职责也已完成，这才到了实现自我、创造自我的最有价值的阶段。"

星云大师：生命的能量是取之不尽、用之不竭的，要想发挥生命的能量，就要先把心里的源头找出来。会运用，则如阳光温暖人间；不会运用，反而危害社会，那就浪费生命的能量了。生命的光与热，和岁数无关。能发挥生命的能量，你就永远年轻。

长乐先生：黄老爷子就是一个充满生命能量的人。在"文革"那样的艰难时期，他曾经写过这样的文字：

"蛇：据说道路是曲折的，所以我有一副柔软的身体。"

"蚕：我被自己的问题纠缠，我为它而死。"

"细菌：肉眼看不到的可怕，才是真的可怕。"

我觉得，没有大智慧，是承载不起这样恣意的想象力的，尤其是在那样苦难的时代背景下。所谓逆境中崛起，所谓洗心革命，不是要对抗命运，而是要站在更高的角度去看待命运。我们不该有与命运对抗的想法和心态，这容易使人生不平之心。你和命运对抗，其实是和自己较劲，这样，越对抗越难摆脱。

星云大师： 星云大师：世上最难的是做人和处事。人活了数十载，往往做人不得其分，处事不得其法。尽管有很多道理告诉我们如何做人、怎样处事，若我们只知理论，不能起而行，也是徒劳无功。究竟如何做人处事呢？

一是只从柔处不从刚。世上的人，有的太过刚猛、执着与好强，所谓"出头的椽子先烂"。我们口里的齿和舌，虽然齿硬舌软，但先蛀坏的是牙齿，并非舌头，舌头直到人死后，才逐渐腐坏，可见柔软比较久长。《华严经》中说：常乐柔和忍辱法，安住慈悲喜舍中。憨山大师也说："红尘白浪两茫茫，忍辱柔和是妙方。"所以，做人应该只从柔处不从刚。

二是只想好处不想坏。所谓"三界唯心，万法谁识"，你心好，想的事情皆是好；你心坏，想的都是如何算计人家的坏事。圣人看社会，大家皆圣人；坏人看众人，全部是坏人。所以我们应该先把心健全起来。

三是服务勤劳不后退。我们在社会上做事，要想让主管看重我们、肯定我们，首先要有勤劳的美德、服务的性格，遇事要积极主动，前进不后退，具足了一些基本的人生态度，不但能成就一番事业，必然也会到处受欢迎，成为一个得人缘的人。

四是恭敬谦和满芬芳。谦虚是中国人的美德，所谓"敬人者人恒敬之"。我们只要能对人谦卑、恭敬，必能赢得别人的好感，"做人低姿态，做事高水平"。宇宙只有五尺高，而昂藏七尺之躯的人类生存其间，岂能不低头？所以，做人本来就应该谦虚，应该受一点委屈，就像梅花，未经冬雪的熬炼，怎得梅花扑鼻香？做人要像梅花一般，"恭敬谦和满芬芳"。

长乐先生： 对待命运的低谷，我觉得，要像上帝看待尘寰一样，用怜悯的眼光去看，别把自己陷进去，自怨自艾、怨天尤人都是没有用的。生命是用来记录爱的，不是用来记录仇恨的。琐碎的恶意更是不值得一提。我心里明白这样的道理，但我的修为不够，遇到坎坷，我有时还是会抱怨、会伤心、会愤懑。所以，我还是个"槛内人"，我要向大师学习，每日都要修炼，才能通达智慧。

我们每个人的生命都是一张空白的唱片，到底是灌一张快乐幸福的唱片，还是一张忧伤愤怒的唱片，全看你自己了。有人会说：我生来就家境贫寒、生活坎坷，我怎么可能灌出一张快乐幸福的唱片？我看不尽然。凤凰卫视有一档节目，叫《冷暖人生》。说到这个名字的含义，节目的制片人总是说："冷的，是人间的苦难；暖的，是人性的光辉。"

星云大师：有人对佛教有误解，觉得我们就是教大家受苦。有关出家人的修行，行小乘道的出家人要有出世的思想，过离欲的生活，甘于淡薄的饮食，独自修苦行；如果是大乘道的比丘，推动人间佛教，其生活有时候看起来和社会大众一样，环境处处整理得清洁舒适。其实，大乘佛教的比丘一样要有出世的思想，只是还必须有入世的精神。目前，佛教界有一个不好的现象，出家人在弘法布教时，往往以自己的尺度、自己的修行方法去要求在家的信徒，开口闭口就叫人要吃素、要出家、要修道。再不然就告诉人不可贪财，因为黄金是毒蛇；不可要儿女，因为儿女是冤家对头。现在，我要告诉各位：小乘苦行的出家人的思想并不适于在家的大众。在家人应该知道：儿女不是讨债鬼，夫妻也不是冤家对头；黄金不是毒蛇，富贵也不是什么不好的东西。在家人信仰的人间佛教，是幸福的佛教，是快乐的佛教，现世种种的福禄，只要取之有道，并没有什么罪恶。

长乐先生：有朋友问我为什么要信佛。这个问题我不好回答，因为我本人并没有完全地皈依佛教。但是我觉得，对任何事物，在不了解之前绝不能轻易诽谤。英国文学家莎士比亚讲过：千万不可妄自评论你所不知道的道理，否则，你可能会用生命的代价来补偿你所犯过的错误。假如你说你不相信佛教，那么你至少应该先亲自研究一番，看看它的教义是否合理。倘若真的不合理，到时再批判也不迟。我对佛教的理解没有大师深刻，简单地讲，我觉得佛教就是"诸恶莫作，诸善奉行"，在此基础上再"自净其意"。

星云大师：佛陀是一位充满道德勇气的革命家。佛陀所主张的革命不是伤害别人的性命，而是自我针砭；佛陀理想中的革命不是向外，而是与自己内心的欲望进行一场搏斗。唯有勇于革新自己的人，才有光明的人生。常人有一种习惯，容易看到别人的缺点，文饰自己的过失。佛陀数十年的教化，是要让我们洗去心中的尘垢，还给它本来无染的一片洁净。求道的过程无非是洗心涤虑、净化生命的工夫，等到天清月现、朗照大地的时候，就是与诸佛同游毕竟空的良辰。

长乐先生：人的一生，顺应天命而生，年过半百，渐渐懂得乐天知命，我想送大家四个大字："长乐未央。"汉朝的皇宫正殿叫未央宫，"未央"就是永远不满的意思，没到一半，还在向着高点走，这里面包含着典型的中国智慧。我们在人生中也应永远抱着未央之心，即使花甲之年，也要做个可爱的老头，充满好奇地修造命运。未央才能长乐！

做减法的艺术

星云大师：一位弟子向大师辞行，希望能带走一样叫智慧的东西。大师说："热的不是火，而是你的感觉；看见的不是眼睛，而是你；转圈的不是圆规，而是绘图者。"

长乐先生：这是一则很有内涵的禅宗故事——眼中所见无非心中所悟。一个人，只有通过觉察和经历黑暗，才会觉悟。这就叫境由心造。一般来说，有幽默感的人都比较聪明，获得大智慧的人都是乐观通达的。乐观的心，来自于智慧的能力。智慧是一种能力、一种感悟力。小的时候，我想象智慧像聚宝盆，能帮我召唤来快乐、幸福、成功、财富……现在年纪大了，我渐渐了悟：父母常常祈求自己的小孩要聪明，智力要高，其实，智慧才是对人生有大助力的法宝。智慧和智力、聪明不同，智慧强调看透人生真相的能力。

星云大师：佛教里很强调智慧。我们常说，"因戒生定，因定生慧"。戒即戒律，总的来说，诸恶莫作，众善奉行，自净其意，是诸佛教。定者，不动也，即心不为任何善恶好坏等顺逆环境所打动。慧者，智慧也，般若也。世间出世间之智慧。刚才总裁说小时候觉得智慧像聚宝盆，佛教指出了获得这个聚宝盆的法门——"因戒生定，因定生慧"，严格持戒即是定也，定则照见一切，智慧渐生。

长乐先生： 一讲到戒，世人都会挠头，觉得那不是和尚才干的事情吗，清规戒律得多痛苦啊！我个人感觉，佛教讲戒律，不是为了让人痛苦，是为了劝诫人向善向上，达到一种健康清明的境界。

我说个现在很流行的产品——苹果手机。苹果产品并不完美，有很多功能缺失。苹果的理念之一就是，如果一项功能不能做到完美，那就干脆砍掉；如果不能完美升级，那就干脆保持原状。通常人们会认为不完善比没有强，但苹果截然相反，这种理念带来的好处是简化了复杂度，可以在固定时间内提供完成度更高的产品。

对现代软件工程和硬件工程来说，最大的问题是复杂度难以控制，做减法是必要的，但做减法很难。从苹果的历史来看，乔布斯一直很擅长做这件事。他想要做减法，不仅要对用户和市场有足够的了解，还要对开发产品的团队和供应链有足够的了解。乔布斯在功能、成本、时间中找到了平衡，这是伟大的智慧。

星云大师： 以舍为得，妙用无穷。我人要能学习"舍"的性格，金钱物质、知识技能，若能将其舍给别人，你必然会得到金钱物质、知识技能。舍给别人好的，会得到好的；舍去自身坏的，也会得到好的。当我们把烦恼、悲伤、无明、妄想都舍了，自然就会得到人生的新境界。

佛陀"难行能行，难忍能忍"，因为他能够"割肉喂鹰，舍身饲虎"，所以才能成就佛道；雪山童子为了一句偈语，"诸行无常，是生灭法；生灭灭己，寂灭为乐"，因为他能舍身为道，终能如愿得道。一个人，如果不能舍去陈旧的陋习，如何能更新、进步呢？学佛，就是要"舍迷入悟、舍小获大、舍妄归真、舍虚由实"。所谓"放下屠刀，立地成佛"，放下，就是"舍"，不舍，如何成佛？

长乐先生： 舍得，不是人的本能。人的本能是不断获得，不断索取。日本现在有一种全民参与实践的"断舍离"整理术，"断舍离"这个词已成为日本社会当红的流行语之一。所谓"断舍离"，"断"就是断绝接受不需要的东西，"舍"就是舍弃没用的东西，"离"就是离开对事物的执念。"断舍离"的要点之一在于：

要以思考自我的真正需求为中心，而不是成为物的附庸，从而达到人生清爽高效的自有境界。源自瑜伽和佛学的"断行、舍行、离行"的人生哲学，本质上是指果断地舍弃无用的东西，提倡不要一味地固守执着，要懂得舍弃才能获得更多的幸福。"断舍离"的反面是"断不了、舍不掉、离不开"。很多时候，难的不是知道自己需要什么，是不知道自己该舍弃什么。无论是"收纳"物品还是"整理"人生，除了不断地贴标签和分类，除了不断地添置抽屉，其本质可能都是要"断舍离"，或者换句话说，叫作"选择"。从对象到人生的整理术，就是从外在生活的整理到内在思维的清理，从而释放内心的压力，投入高效率、充满幸福感和成就感的简单自在的生活。

星云大师： 做加法简单，做减法难；活得快乐容易，放弃难。所以，要想获得做减法的智慧，必须从修正我们的心开始，从日常生活的戒律修行开始，慢慢去培养心的习惯，才能把我们的心从五欲六尘里剥离出来。

长乐先生： 台湾人区纪复，30多年前放弃高薪工作，到台湾花莲乡下建立了一处叫"盐寮净土"的房舍，倡导过一种简单、简朴的生活，弘扬"愈少愈自由"的生活哲学。"日出而作，日落而息，汲泉而饮，采野而食，名利于我，何有哉"，这是区纪复及其夫人生活的真实写照。在盐寮，入口处连门都没有，只有一根竹竿，来人要弯腰才能进入，意味着"谦卑"。当初创立盐寮的时候，区纪复不用水泥铺路，而是用从海边捡来的石头铺路，慢慢捡，慢慢铺，一条几十米的小路足足铺了一年，石头缝隙间有各种野草自由生长。建房子也是用捡来的石头和木头。关于如何不花钱得到想要的东西，区纪复总结了几条有趣的经验：一是捡；二是跟别人要；三是借；四是自己做；五是买二手的；六是耐心等待，总有一天可以捡到、要到、借到，或者到那时自己也不需要了。因为不担心东西被人偷走，所以他家从不锁门。

星云大师： 在禅门，也要求参禅的人拥有的物质越少越好，少到什么程度？依现在的斤两来计算，所谓"衣单两斤半，随身十八物"。因为一个人东西越少，欲望就越少；东西越多，困扰、烦恼就越多。比方说，像我们出家人，衣服只有这一件，早上起来是这一件，会客也是这一件，现在站在这里和各位讲话也是这一件。然社会上的人士，比如一位小姐，今天要出门了，却不知道是穿旗袍呢，还是穿洋装呢？是穿红色的呢，还是穿黄色、蓝色的呢？因为衣服多，她就因不知如何选择而烦恼。而禅者只有一件衣服——长衫，不必选择，也就没有烦恼。

长乐先生："野地的花穿着美丽的衣裳，天空的鸟儿从来不为生活忙……"区纪复30多年来没有工作，没有赚钱，一切自给自足、顺其自然。饮食上主要是吃素，用蒸、煮、烫的方式烹调，油是用"滴"的方式放进去，少放盐、糖以及其他调料。来自黑龙江的80后小伙木耳在体验了这样的清减生活后说："在简朴生活中，人是可以直接感受心灵的自由度的，由心灵的自由带来选择的自由。但是，简朴生活的确和我们今天的教育与价值取向太矛盾了，实践简朴生活，真好比逆流而上的马哈鱼，虽然艰难，但最考验生命的活力。"

星云大师：禅堂里的禅师们，因为使用的物品很简单，所以因物质而起的烦恼就很少，因为欲望少，心自然能自由自在。虽然禅师们拥有的物质少，但他们心中拥有三千大千世界。我们都知道出家人要守清规戒律，进行各种苦修。佛有五戒：一不杀生，二不偷盗，三不邪淫，四不妄语，五不饮酒。

长乐先生：大师一直是人间佛教的倡导者，刚才大师讲到五戒，第一戒就是不能杀生。我觉得，很多人往往不能正确理解杀生的含义。有些人说，牛马猪羊天生就是给人吃的。还有一种观点认为：你们学佛的人既然吃素，不杀生，蔬菜也是有生命的，你们吃蔬菜，不也是杀生吗？

星云大师：杀生，是用恶心断除有情的生命。生命的定义，是有生长、繁殖、死亡。蔬菜和动物一样，有生长和繁殖等生命的迹象。那么，为什么我们可以吃青菜、萝卜等植物，却不吃动物呢？我在年轻的时候也考虑过这个问题。有人说因为植物没有血，所以可以吃，不是这样的。佛教徒看生命，主要看心。你看鸡鸭，你要杀它们的时候，它们有恐惧，这是心识的反应，而青菜、萝卜就没有心识的反应。所以，在佛教里，吃植物不存在慈悲不慈悲的问题，吃动物就要有所顾忌。

佛教戒杀生，但不是绝对的。比如坏人害了很多好人，你说我怎么办？我杀一个救100个，这样的杀生不是说不可以，但你要自己负责，负法律的责任、因果的责任。现在台湾流行放生，很多人抓一些鱼放生，放了之后鱼能不能生存，就很难说了。这不是放生，是放死。

长乐先生：我想佛教强调五戒，真正的目的是让人减少欲望，让心灵自由自在，从而获得幸福、快乐的人生。如大师所言，如果做到了五戒，人的心就会升华，也会利益众生。心清了，人就有能力辨别是非邪正，判断真假吉凶。这是多么高的智慧！看似我们是在劝大家放弃，实际上我们是在告诉大家怎样才能得到更多真正重要的东西。放弃的是欲望，得到的是智慧；放弃的是诱惑，得到的是智慧。想要得到智慧，必须学会放弃。

"耐烦"做人

长乐先生： 毛毛虫的尽头，智者称之为蝴蝶。定而静，静而安，安而虑，虑而得。我用世俗的语言去解读，就是成就大事的人要有定力，要学会四种功夫：

耐得住、忍得下、看得远、承受得了。

首先要耐得住。比如我自己，别看我现在做一个很大的凤凰传媒集团，当年我也是从亲自扛摄像机干起的。世上不知有多少聪明人，一生都没有搞好一件事，从一条毛毛虫变成了一条死虫。我们做电视传媒的人经常说自己是手艺人，手艺人就是要拳不离手、曲不离口，手艺精湛才能保住饭碗，才能让人叹服。我自己选定了电视传媒这一行，十几年只干一件事，只有这样才能真正把事情办好。

星云大师： 我们要"耐烦"做人。我观察一个徒弟的性格，先要看他有没有耐力：他耐得住苦吗？耐得住饿吗？耐得住忙吗？耐得住骂吗？耐得住冤枉吗？耐得住委屈吗？除了耐得住以外，还应具备耐烦的重要性格。不耐烦的人，做这件事想着那件事，做那件事又想着其他的事；在这个地方想到那个地方，到了那个地方又觉得不习惯。不耐烦是人性格上的缺点，必会使一个人一生的成就大打折扣。

长乐先生： 第二是要忍得下。我们一起创业的朋友中，最后胜利的往往是忍耐力最强的，而不一定是能力最强的。顺风的风筝飞不起来。做生意、办企业，不顺心的时候特别多，烦恼特别多。我记得星云大师给我们开示说：生气的时候，要先忍之于口，不要轻易骂人；再忍之于面，不要展现愤怒的样子；再忍之于心，心不气了，最后就没事了。

星云大师：《菩萨戒经》中说，佛陀在过去世修行的时候，曾被500个"健骂丈夫"追逐恶骂，佛陀走到哪里，他们就跟着骂到哪里。佛陀的态度是："未曾于彼起微恨心，常兴慈救而用观察。"这种修持使佛陀终证得无上菩提。

长乐先生： 第三是要看长远。人很容易被眼前的利益所迷惑。比如凤凰新媒体，赔了十几年钱，经营压力大，停办的声音也大，但我认定互联网必然是新兴媒体的佼佼者，坚持让他们放手搞。有人说办新媒体是烧钱，我说，烧不烧钱，看你怎么办。有目标，有追求，就不是烧钱，而是打造品牌、效益、影响力。有人说，媒体不应该是多动症一样的吗？我觉得那是不成熟的表现。做任何事情都需要时间，要经历一个过程，我们要看长远，要有这个耐心。

星云大师： 田里的稻麦，不成熟不能收割，你要"耐烦"等它成熟。桃李水果，要等成熟才能采摘，不成熟，生涩难吃，采收了又有什么用呢？一个人要成熟，道德修养、知识见解、礼貌习惯、进退威仪，都要"耐烦"地养成。世间的人，有的人少年老成，这表示他成熟。有些七八十岁的老人，性子火暴，没有做人的修养，是因为他们不能"耐烦"。"耐烦"并不完全是靠学习得来的，而是需要时间的磨炼，尤其需要自我的克制，需要在现实生活中锻炼。

长乐先生： 美国著名主持人拉里·金，从24岁做主持人到退休，整整干了50多年，他在CNN做的节目也有20多年的历史。还有被评为美国最知名人士的奥普拉，她主持脱口秀节目也有24年了。这些例子都说明了定的力量。

文化坚守是能经受住时间考验的。所以，不管是做事业，还是进行人生修行，都要耐得住寂寞，定心才能去思考、去创新，生出智慧。

星云大师： 一滴墨汁落在一杯清水里，这杯水立即变色；一滴墨汁融在大海里，大海依然是蔚蓝色的大海。为什么？因为两者的度量不一样。不熟的麦穗直直地向上挺着，成熟的麦穗低垂着头。为什么？因为两者的分量不一样。大胸怀者成大事，目光长远者得天下。

长乐先生： 最后是要承受得了。企业家和职业经理人的承受力，主要表现在守成上。名利、钱财、权力、美色都能把人压垮，我经常告诫下属，要"戒"，就是要知道底线，知道有所为有所不为，不要急功近利，不要居功自傲，不要贪功起衅，不要邀功请赏，不要害怕跌倒，不要自以为是，不要心存侥幸，不要好狠斗勇。

星云大师： 戒律的意义是自由，所以受戒就是一种尊重、自由。一个家庭有家规，一个国家有国法，当然我们信仰一个宗教，也有戒律。法律防患于已然，就是已经犯罪了，法律来制裁；佛法防患于未然，就是还没有犯罪，佛法功用很大。在世界各处旅行，我遇到一些警察，跟他们开玩笑说："你们是警察，我也是警察。你们警察，人家犯罪了，你们可以制裁他；我这个警察是叫人不犯罪，如果我的力量不够，他没有依照我的意思做，那就劳驾你们了。"戒律就好像是一个老师，所以释迦牟尼佛告诉我们：我在世的时候，我是你们的老师；我灭度以后，以戒为师。戒好像明灯，灯光所照，破除了黑暗，我就认清了各种事情、物品、谁是谁非。戒律又好像是一条轨道，就好像是航空的航道，船只也有海道，高速公路也要有规则，你依照规则行走，必定是安全的。戒也好像城墙一样，对外面的坏人、敌人，我有一道阻挡，不让他侵犯到我的安全；戒也好像我们出去旅行时带的一个小水瓶，过去古人带一个水囊在身边，焦渴的时候，它像甘露一样滋润我们；戒也好像是花蔓、璎珞，可以让我们更庄严、更美丽。你是持戒的人，表示你有道德，规范自己的身心行为，能获得世人的尊重。戒又像船筏一样，我们乘着戒船，可以到达我们的目的地，不会遭遇危险。所以，持戒有百般的利益，没有丝毫的害处。

我的意思是：受戒让我们清净、安全，对规范我们的身心有很大的利益功用，不要怕受戒。甚至于再明白说一句：宁可犯戒，也要受戒。你不受戒，就没有得度，没有灯光，没有船筏。你受戒了以后，如果犯戒了，你可以自我更新。

长乐先生：大师刚才这段话很有深意，但有点不好懂。人说我为什么要信佛啊？我现在吃喝玩乐、有车有房的，不是挺快乐的吗？我为啥要去持戒？这不是脑子有病嘛！但是，释迦牟尼之所以成佛，就是因为他比我们普通人看得长远，他在世人所谓的幸福快乐中看到生老病死、悲欢离合的"苦"，所以他教人去修行，从六道轮回中解脱。知道苦是获得智慧的第一步。连苦都不觉得，何来智慧，何来开悟？

星云大师：是的，这就是"无明"，就是不明白。这种情况就好像一个自婴幼儿时就失明的盲者，他会以为世界从来就没有光明。当今社会，发展越来越快，新东西层出不穷，一切都讲效率讲速度，你是不是越来越有跟不上这个世界变化的感觉？你是不是烦恼越来越多，快乐越来越少？那我和总裁今天给大家开的药就是"定"，自己的心要定，做人要能"耐烦"。

长乐先生：工作要"耐烦"。世间没有白吃的午餐，职业进步的诀窍就是勤劳、耐烦。世界上没有哪份工作是让你白忙活的，只要你用心，一定有所收获。家事要"耐烦"。在家里处理家务、带孩子、孝敬父母，夫妻双方应该共同承担，家庭也是人生的重要部分。学习要"耐烦"。学海无涯，应该活到老学到老，天天都有新进步。听别人说话要"耐烦"。现在人们都爱抢着说话，会倾听的人少之又少。等人和交朋友也要"耐烦"。我经常坐飞机，飞机误点时，有些人暴跳如雷。我深深为他们觉得不值，有这生气的时间，不如坐下来看本书，或者想想心事，做什么都比生气上火强。

星云大师：人情要"耐烦"。世间的人情，讲究"礼多人不怪"，要想做到这一点，必须"耐烦"。要写信问候长辈，不能对写信不耐烦；必须去探望的亲友，不能因为塞车不耐烦就不去探望；人情往来要送礼，不能因为想不出送什么东西就不耐烦去送礼；人际间要应酬，不能因为不善讲话就不耐烦去应酬。这都是做人有亏，不能不慎。军人作战，不到紧要关头不滥发一枪；会议高手，不到要紧时刻不乱发一言；主妇煮饭，饭未煮熟，锅盖不可妄自一开；母鸡孵蛋，小鸡尚未孵成，不可妄自一啄。所以，人生要学会"耐烦"，要在时空里把自己的心定住，"耐烦"是人生成就事业的增上缘。所谓"耐烦做事好商量"，"耐烦"做人，才能把人做好。

苦不如乐，哭不如笑

长乐先生：我和大师谈论了许多持戒啊，苦啊，朋友们不要误解，好像我们一定要使劲吃苦，才能获得智慧。苦是真相，是客观存在的，是必须面对的事实。乐是心态，是你看待苦的方式。

星云大师：闽南佛学院有一位智藏法师，16岁进入闽南佛学院时，字都不认识，到22岁时却成为《海潮音》的主编。只有六年的时间，他的智慧是从哪里来的？事实上，他并不是什么事都不做而只是念书。他打扫厕所，不用扫帚，用手去擦去抠，凡是阴沟没有人通的，没有人做的苦差事，他都自己来，并不需要叫他，他本性中就希望自己刻苦勤劳。养成了这种吃苦的习性之后再去读书，当然会比别人更快地收到成果。耐得起苦行的人，将来才能成为栋梁之材。

长乐先生：可见修行不是表面的修苦。人在世间行走，遇到许多苦难，要懂得用乐观的心态去调解、化解。我当兵的时候参加过两次抗震救灾，一次是唐山大地震，一次是1975年辽宁海城地震。海城的抗震救灾比唐山的抗震救灾还要苦，因为那时候军队没有皮大衣，只有棉大衣，海城地震发生在腊月，东北零下20多度，特别冷。接到命令后，我们连夜向灾区行军。我当时是排长，和战士们坐在解放牌汽车的大车厢里，大家一起靠着取暖，一起蹦脚活动。从锦州到海城走了三个小时，到的时候人已经快冻僵了。其实这个苦，人赶上了都能吃得。我少年的时候读过一本书，叫《船长与大尉》。大尉最后总结：冷静和坚韧是成功最不可或缺的信条。后来，我下海经商，事情多得不能再多，但我觉得还可以再多干一点，因为没有过不去的火焰山，坚持一下就过去了。

星云大师：以总裁这样忙的时候还想再忙、苦的时候不畏苦的精神，一定能成功。

日本著名的企业家松下幸之助也是佛教徒，他说他当初创业的时候有100多名员工，他经常合掌感谢大家来帮助他。后来，当他有了几万名员工的时候，他说他要跪下来感谢他们陪伴自己走过创业的道路。我一想，这确实是不错的，人生在世，对父母要恭敬，对别人要恭敬，对每个人都要恭敬。我们经常说士农工商，我觉得他们每个人都对我有帮助，所以我们应该合掌。

这位松下先生还主张人生要活300岁，我也在奉行300岁人生，就是我一天做五天的事情，到了60岁，就相当于活了300岁了。

长乐先生：我现在年纪渐渐长了，很多事情都交给年轻人去做了，自己在后面出出主意。很多时候，我反而不太能觉出苦来了，而是越来越能在苦中悟到甜，越来越能在不顺的时候品出幽默。我自我感觉自己的境界又上了一层，毕竟人生还是要喜色多一些才好。

星云大师：人生各有所求，有的人一心一意追求功名富贵，有的人终其一生只希望爱情顺利，有的人心里所想无非家人平安幸福。其实，人生的最终目的应该是追求欢喜快乐，只是人生的快乐有层次上的不同。翻开印度的历史，就知道佛陀住世的时候，印度社会有一部分在家人是纵欲的乐行人，今朝有酒今朝醉，尽可能使生活奢靡、享受；还有一部分人是修习外道的苦行人，是绝对禁欲的。佛陀成道后，发出他真理的宣言，要修道者远离苦行（禁欲）与乐行（纵欲）的两个极端，而遵行中道的修行方式。修乐行的人，生活热烘烘的；修苦行的人，生活冷冰冰的。热烘烘、冷冰冰都不好，都不合乎佛教的中道生活。所谓中道生活，就是要在不苦不乐之间，因为苦和乐都会束缚我们的身心，唯有不苦不乐的中道才是解脱之道。

长乐先生： 我个人感觉，不苦不乐就是岁月静好、平淡如水的幸福。如何到达中道？要学会自己调节。不顺的时候、苦的时候，别老盯着苦，多想想高兴的时候。所以我一直说，人一定要有一两样兴趣爱好，否则，不容易度过人生的低谷。

我本人的兴趣爱好很多。我喜欢打高尔夫球，但不是在绿茵场上，而是在手机上。在不能看书、看电视的旅途中，我常以打游戏为休息。我反应快，高尔夫游戏玩得特别好。

我还是摄影发烧友，我有两个特殊的摄影模特：一个是秘书段敏的儿子，一个是吴小莉的女儿。我拍小模特还真拍出了不少精品。

我从小就喜欢唱歌，少年时还是合唱团的成员。我嗓子并不好，但我善于表达，宣泄得比较到位，唱得越投入，休息得越好。曾经有人起哄，要我出一张碟，我不是自恋狂，不会干那样的傻事。但唱歌的确可以纾解压力，有时候，累不只是肉体上的累，更是心累，唱歌最容易让心得到解脱。

星云大师： 人对快乐的需求是多方面的。人生最初的要求是获得物质生活的满足，从物质生活中获得快乐。例如，吃要山珍海味，穿要绫罗绸缎，住要高楼别墅……

有的人总是要在物质上超人一等，并且以此为乐。

有的人追求精神上的快乐，要读书，要爱情，并且讲究舒适、自由的生活，更希望受人尊重，在工作、事业方面尤其要有很好的表现，以满足自己的成就感，这是一种对精神生活的追求。

有的人不太重视物质生活，讲究的是生活的情调、气氛，重视的是艺术的美感、品位。平时自己的行仪动作都很优雅从容，在生活中，把美德、艺术表现到极点，从中享受艺术生活的快乐。

有的人，即使有了前面的三种快乐，也仍然不满足，还希望有"信仰生活"。所谓"信仰生活"，就是要超越，要升华，要求得心灵的旷达。在生活中，每日逍遥自在、解脱放旷，不为功名利禄所拘，不为人情世故所扰，完全让自己投身于自觉觉人、自度度人的生活，这就是信仰生活带来的快乐。

长乐先生：松原泰道去外地讲学，午间到一家餐厅吃了个便当，便当里有一个装筷子、牙签的纸袋，上面印了一阕歌词："见也难，别也难；有哭泣，有欢笑；时光像秋风匆匆吹过，一生只见了这一回。"当时，有三个艺伎在表演这阕短歌，优美而感伤。第二年，他再去这个地方，已经见不到这三个人了，真如歌里说的那样。

松原泰道由此感慨，人生当有"三不原则"：不勉强、不浪费、不懒惰。不勉强，指的是不好高骛远，不做脱离常规的事；不浪费，指的是珍惜时间，珍惜身边的事物，珍惜他人的善意；不懒惰，指的是自己的事不能让别人去做，不管年龄多大，都要鼓足热情继续学习。

星云大师：乐活是一种大智慧。不管现实的境遇如何，不管你是贫困还是富有，你都有快乐生活的权利。我们的人生，要能自度度人、自觉觉他，要发挥生命的意义和价值，这才是永恒的生命，这样的生命才能获得真正的快乐。

长乐先生：卡耐基理论的主要奠基人拿破仑·希尔认为，人应该分别启动和抑制七种情绪。应启动的情绪分别是：梦想、信念、爱、性、热情、浪漫及希望；应抑制的情绪分别是：恐惧、嫉妒、憎恶、复仇、贪欲、迷信及激怒。

我一直倡导乐天向上的人生态度，做人，要有干事业的精气神，要有热情。面对困难，要有豁达、乐观、向上、积极进取的精神。人人都喜欢喜剧，不喜欢悲剧；都喜欢轻松和娱乐，不喜欢沉重和复杂。但我要说，只有真正体味了悲剧的人，才明白喜剧的好；只有面对沉重的人生还能展颜一笑的人，才是真乐天、真达观、真智慧的人！人生没啥了不起，苦不如乐，哭不如笑！

陆

小善改变大世界

说好话，慈悲爱语如冬阳，鼓励赞美，就像百花处处香；做好事，举手之劳功德妙，服务奉献，就像满月高空照；存好心，诚意善缘好运到，心有圣贤，就像良田收成好。

命运的基础是善意

长乐先生：有一户人家，父亲逝世时，留下了17头牛，遗嘱上写明：三个兄弟分家，牛的分配方式是大儿子得二分之一，二儿子得三分之一，小儿子得九分之一。17头牛的二分之一、三分之一和九分之一皆非整数，三个儿子非常苦恼，天天吵架，但还是不能解决问题。

邻居有一位长者，看这三个儿子每天吵闹不休，就主动将自己仅有的一头牛送给他们，并告诉他们说："这头牛送给你们，你们就好分家了，免得你们为了分多分少而计较争吵。"17头牛加上长者的一头牛，共18头牛，大儿子应分得二分之一，是9头牛；二儿子应分得三分之一，是6头牛；小儿子应分得九分之一，是2头牛。三兄弟分别分得的是9头牛、6头牛、2头牛，加起来正好是父亲给他们的17头牛，一头也不多，一头也不少。三兄弟又把多出来的那头牛还给了隔壁的长者。

长者丝毫没有损失，还替三兄弟解决了问题。

行善，就是有多大能力干多大事。小时候学雷锋，我印象最深的一句话就是：做一件好事不难，难的是天天做好事。许多年过去，有时候停下来想想，每天都做一件好事真的是挺难的。做好事，不管是哪种好事，都是"予"，或者予以时间，或者予以精力，或者予以金钱……自己要先"有"，才能"予"。要有智慧，才能"予"得好。要时时想着"予"，才能"予"。

星云大师： 出钱给别人，是一年级；用自己的力量帮助人，是二年级；说好话，是三年级。我们提倡"三好运动"，就是身做好事，口说好话，心存好念。如果你做不了，能欣赏、赞美别人的好处，功德也是一样的。欢喜祝福是最大的功德。

长乐先生： 人生的基础是命运，命运的基础是善意。一滴水是非常小的，但这滴水确实能把整个太阳包容进去。一个人道德水平的高低也许不重要，但所有人加起来，这个国家道德水平的高低就重要了。所以，我今天想和大师讨论一个简朴的话题——善意。

星云大师： "不辞小水，方能成就海洋；不积小善，无以圆满至德"，这就是个人微力的大作用。俗话讲，小兵立大功，每个人都能为国家、社会做有益的事情。讲到善意，我的理解就是做好事、说好话、存好心。

前不久，台湾有些学生很偏激，聚众闹事，这很不好。为什么？因为社会是我们自己的，我们要像爱妈妈一样爱社会。

佛陀给了我们什么？其实，他的东西早就埋藏在我们每个人心里了，慈悲、智慧、忍耐、戒定慧等，只要我们在我们的论行中去用，可以说是取之不尽的。

长乐先生： 做好事，很多时候是本能。小时候，母亲叫我"闷儿"。"闷儿"在山东方言里就是能咽苦难、吞气消声的意思。小时候，我们兄妹之间闹点小别扭，我总是闷在那儿，不去争长短。刚参加工作的时候，我饭量特别大，母亲怕我饿着，每月总是省出几斤粮票给我。我知道那年月粮票金贵，就省下来买了粮，接济家庭困难的工人师傅。一位老师傅的父亲病故，一家人正发愁买不起一顿饭来招待参加丧事的人。我自作主张把自家粮本拿给了师傅。老师傅捏着粮本问："孩子，你妈知道咋办？"我说："我妈不在家。她要是知道，会给您更多，不会骂我的。"

其实，当时我父亲因"文革"靠边站，我家的生活也困窘着呢。唐山大地震的时候，我父母三个月没见到我。等我救完灾回家，父母都快认不出我了，我瘦得厉害，十指的指甲磨掉一半，指头肚全部结痂，全是救人的时候磨的。我当时是军人，看见老百姓在混凝土下哭叫，一条条鲜活的生命在挣扎，不拼命哪行？所以，我觉得，做好事是一种发自本心的行为，不需要理由，好像本能一样。但是，我们的善还要由本能进一步升华才好。

星云大师：佛教讲，罪的来源，是从身、口、意三业；修行用功，也是从身、口、意三业修起。所谓做好事，其实就是修身。例如，不杀生、不偷盗、不邪淫、不为非作歹，而能做一些有益于人的善行、懿行、美行、利行，这就是做好事，也就是身行善。

长乐先生：作为一个善者，大师做的一件大事就是促进两岸的沟通，1988年，当海峡两岸还在为运动会上使用的名称争执不下时，第16届世界佛教徒联谊会在美国洛杉矶佛光山西来寺召开，大陆代表表示：台湾代表不能参加，否则就退席。大师通过赵朴初和陆铿先生多方沟通，终于在开会钟声敲起的最后一分钟，大陆代表得到了国务院"同意"的答复。海峡两岸的团体终于第一次坐在同一个会议厅里，与来自30多个国家的佛教团体代表一起开会，此次大会被称为比奥运模式更具意义的"星云模式"。后来，"星云模式"被更广泛地应用于两岸交流，大师率国际佛教促进会弘法探亲团到大陆弘法，不仅中央领导人出席宴请，北京、清华、人民大学还邀请大师去演讲。这之后，又有大师牵头主持的法门寺佛指真身舍利赴台供奉活动，使两岸的交流从此跨出一大步。

星云大师：那次法门寺佛指真身舍利赴台供奉活动，最初我是很为难的，因为佛教里有门派，协调起来难度很大。但是，为了两岸和平，再难的事我也得做。

长乐先生：今天，当越来越多的历史真相成为两岸共识的时候，我觉得我们不应该忘记大师。这个当年身无分文、只身赴台的青年，把中华文化当成父亲的草原、母亲的河，牵手两岸，承载包容，让爱的舟楫顺流而行。大师让我们明白了，一小善成大事。善意是山、是海，这力量，来自于人的意志，又不被人的意志所左右。

陆
小善改变大世界

星云大师：涓涓细流，能汇成大海；穿针引线，能织出彩虹。佛光山在大陆就是一点点地做善事。我们捐献希望小学100多所，在各地颁发奖学金，在扬州建立大型图书馆，鼓励台湾青年到大陆各大学学习，将荣获金鼎奖的七巨册《佛光大辞典》以不收版权费的方式，交由中国佛教协会在大陆发行，鼓励信徒到大陆投资，等等。中国是佛教的第二祖国，华人未来的出路，就是大家多读书、多受教育，丰富中华文化的思想内涵，让中华文化成为世界主流，让华人受到世界的重视。

前不久，有位记者问我："大师，你怎么能给陈光标题字呢？陈光标'高调行善'引来了一些批评意见，你为什么给他题字？"我说："行善的确应该有一个更高的标准，但你能'高调行善'，总比做坏事或者不行善好得多。"

长乐先生：关于行善，总有一些非议。我觉得媒体在这方面有"开道"的功能。有个企业家做善事说错了一句话，遭到了网民大面积的拍砖。在这个过程中，凤凰卫视做了报道，同时，凤凰卫视做了另外一件事，我们邀请这位企业家在凤凰卫视第一时间向观众做了诚挚的道歉，而且我们报道了这位企业家和他的企业在灾区用亿万以上的资产进行捐助的事实。因此，这位企业家获得了网民和观众的谅解。

我觉得，媒体在行善这件事上应该引导大众心态走向包容。正如我们对待这位企业家一样，他刚开始做慈善，肯定会有不成熟的地方，我们要给他一些时间和机会，毕竟他是在做好事。媒体不要总是用审犯人的眼光报道行善者的动因，也不能为"逼捐"摇旗呐喊。以平常心看待慈善，是重建中国慈善文化需要确立的一种观念和心态，我们对慈善事业的正规化要给予一定的时间。

星云大师：关于慈善，我的解读很简单。数千年来，中国以农立国。农业社会主要是春天播种，秋天收成。有田地，你不播种，就没有收成，你发财就没有希望。所以，我们每个人，一定要舍，才能得，这就是所谓的"舍得，舍得"。现代社会，我们有一碗饭吃，但还有很多苦人，需要我们的帮助。假如有一天我遇到苦难，也需要人来帮忙。因此，我们在不饿的时候，也必须怀有一颗"人饥如己饥"的慈悲心。

长乐先生：英国文学家莎士比亚曾说：慈悲不是出于勉强，它是像甘露一样从天上降下尘世；它不但给幸福于受施的人，也同样给幸福于施与的人。在西方，"慈善"一词来源于古希腊语，本意是"人的爱"。有人认为中华文化中缺少慈善文化的基因，我完全不赞同。我们从儒、道的学说中都可以找到慈善文化的影子、慈善文化的基因。佛教传入中国后，也提倡无边的慈爱和宽泛的悲悯，最常见的说法是大慈大悲。

凤凰卫视在四川大地震后倾全台的力量派出10多个记者深入灾区进行报道。其间，我们特别对做慈善的团队和个人进行了非常详尽的报道。我们报道了慈善家们感人的事迹，也用镜头记录下了捐赠的物品和捐款是怎样切实地被发放到老百姓手中的。当然，我们也狠狠地揭露了那些在救灾中谋私利的官员和工作人员。

星云大师：我常对佛光山的义工、金刚们说："过去的天龙八部经常环绕在佛陀的四周，你们是现代的天龙八部，应当受到我们的礼遇。"佛光山经常举办义工会议、金刚会议，以实质的鼓励回馈为道场出力服务的男女老少，因为我主张：众人奉献给佛教的"因"不必等到将来结"果"，身为佛陀侍者的我们应该在现世代为及时报答。我在佛光山手拟各种制度，扬善惩恶，让善"因"继续绵延，善"果"集体成就。我创立佛光会，让十方善"因"结合，共同谋求善"果"。

长乐先生：一个刚刚开始创业的朋友向我诉苦："现在招到一个合用的人真难啊！真有'安得猛士兮守四方'的强烈渴望啊！"我跟他讲，你现在觉得身边得力的人少，是因为你的"因"以前没种够，人缘结得还不够多，你帮助过多少人？培养过多少人？给过多少人机会？如果你曾经认识了、帮助了足够多的人，那你做事的时候，就一定会有人来帮助你。

星云大师：行布施是容易的，但行布施要做到三轮体空就很难。一般人布施时，总希望别人对他感谢报答，希望别人宣扬赞美他的功德，再不然就是觉得自己布施荣耀非凡，或是轻贱受施者。假使带着这样的心理行布施，只是世间的善行，而不是佛法里菩萨所行的布施。佛法里的布施要做到三轮体空：一没有能布施的我，二没有受布施的人，三没有所布施的物。在佛法里，行布施而不觉得有

陆

小善改变大世界

布施可行，做功德而不觉得有功德可得。其实你不求功德，功德反而大，所谓"有意栽花花不开，无心插柳柳成荫"。

长乐先生：慈善不是钱，是心。我为慈善下的定义是：具有慈善心的人，哪怕只捐一元钱，也是慈善家。在我们期待慈善家出现的时候，我们也期待更多的慈善之心，这才是慈善文化的真意。作为个人，莫要因为自己贫困就不懂得施舍，莫要为名为利做善事，莫要为求回报做慈善。做善人先修心，有善心自然就有善行。做慈善应该像开花一样，因温度、土壤、水分适宜而自然而然地开，不是故意、牵强地开。

星云大师：过去，香港的出租车司机拒载出家人，因为他们认为出家人光头，会使他们一出门就赚不到钱，乃至赌钱赌马也会输光光。为了改变港人的成见，每逢搭出租车，我都在车资以外附上丰厚的小费，给他们欢喜，让他们发财。有一次，我在香港体育馆演讲时，对听众们说："出家人就是财神爷，能带给众生物质与精神、世出世间的财富。"台下掌声雷动。经过多年的努力，香港人现在很喜欢出家人，尤其喜欢听佛法，因为闻法会改变观念，有好的观念就能获得财富。我主张给小费，因为我觉得小费是小小的布施，小费是欢喜钱，给小费就是有人情味的表现。我现在在香港坐出租车，司机反而不收我的车资了。

长乐先生：西方的咖啡馆现在流行"待用咖啡"。"待用咖啡"的概念其实很简单，就是有人提前为咖啡付了钱，记在咖啡店里，让那些买不起咖啡的人能进来享受一杯温暖的咖啡。在有些地方，人们不仅可以买"待用咖啡"，还可以买待用的三明治或晚餐。待用咖啡不是买给自己喝的，是为陷入困境的人带去一股暖流。一杯咖啡，可以给一个寒风中的穷人半天的温暖，可以给一个失业的游子几多的希望，还可能使一个即将付诸行动的犯罪念头灭于摇篮。我们应该建立鼓励人人做好事的公共制度，弘扬"帮助他们""善有善报"的社会风气。一个小我，看上去力量渺小，但一个小善也能温暖他人。我有千份热，分你万点光，请相信小我的力量，小善也能改变大世界！

感谢讥讽我的人

星云大师： 我自童年出家，活到80多岁，走过70多年的出家岁月。我曾在长途旅行的火车上看报纸，旁边的乘客讥讽说："和尚也看报纸啊！"50多年前，台湾很流行用钢笔写字，我也有一支不是很好的钢笔，见者说："和尚也用钢笔！"用钢笔有罪吗？现代人提倡守时，多年前，我因为弘法行程繁忙，怕忙中误时对不起信众，种种节省买了一只手表，见者也质疑："你们和尚也戴手表吗？"连续30年，我在台北"国父纪念馆"每年固定举办三天的演讲，有多次从高雄乘坐汽车赶到"国父纪念馆"，下车时，听到一旁的人议论："和尚还坐汽车啊！"我从高雄到台北演讲，不坐汽车，难道要我走路走一个星期吗？诸如此类的闲言杂话，过去数十年来，我从不计较，总当作在修行"忍辱波罗蜜"，甚至自己也观想：感谢这许多讥讽我的人，他们批评我，正是替我消灾。

长乐先生： 俗话说：人生唯有说话是第一难事。说话最容易，也最容易伤人。你有没有曾经为自己说过的话后悔过？小到家庭，大到社会，说话能够影响风水。

在一个家庭里，母亲总是充满怨气地抱怨，不停地唠唠叨叨，这个家庭会有温馨的气氛吗？孩子在这样的环境中成长，看待问题也容易负面消极，又怎么会有出息呢？

一个社会，如果人人讲话都充满暴力和脏字，那这个社会的风气就会差，因为脏话像传染病一样，会传染整个社会。尤其是现在，网络媒体、自媒体越来越发达，匿名发言不用负责，于是网民的很多负面情绪变成了语言暴力，哪怕你是做好事，在网上都容易被人骂死。我的一个朋友最近陷入网民暴力情绪的旋涡，向我感慨道："真是人言可畏啊！"

流言，就像粗糙的石块摩擦人的神经，伤害了别人，也败坏了社会风气。

星云大师：善意地讲话，就是说好话。说好话，要求不光说的内容要好，说的方式也要好。说好话，是为修口，也就是要我们不要妄语、不可两舌、不说绮语、不能恶口。说话要说慈悲的话、明理的话、智慧的话、真实的话。所谓真语者、实语者、如语者、不异语者、不诳语者，是为说好话，也就是口行善。

长乐先生：遇到恶言怎么办？正所谓沉默是金。很多名人在诽谤汹涌而来的时候声嘶力竭地争辩，结果适得其反。就算你使尽全身的力气，也喊不出和浪涛声相抗衡的音量，此时，最好的心态是看开和放松。演员范冰冰在这方面做得挺好，有记者问她："你是不是也要嫁豪门啊？"对女演员来说，这是个暗含讽刺的不好回答的提问。可是咱们范爷很放松，也很自信，回答说："我就是豪门啊！"一句话转变了整个记者会的气氛。面对诽谤或不可争辩的场面，还有一招就是退让，闭嘴蓄势，等待更好的时机再发声。春秋时期，楚庄王继位三年，没有发布一条法令。右司马问他："一只大鸟落在南方的山丘上，三年来不飞不叫，沉默无声，为何？"楚庄王答曰："三年不展翅，是要使羽翼丰满；不飞不叫，是要观察民众的态度。虽然不飞，飞必冲天；虽然不鸣，鸣必惊人！"果然，半年后，楚庄王听政，发布了九条法令，废除了十项措施，处死了五个大臣，选拔了六个有才能的隐士。于是，国家昌盛，天下归服。楚庄王不过早暴露自己的意图，正是"大器晚成，大音希声""不鸣则已，一鸣惊人"！

星云大师：古人说："言语简寡，在我可以少悔，在人可以少怨。"所以，话多不如话少，话少不如话好。再说，语言最容易积德。比如，看到人家做善事，发言赞美；见人为恶，善言规劝；人有争讼，做和事佬；人有冤抑，协助辩明。不揭人隐私，不自赞毁他，这都是善德之语。如果不能施舍别人钱财，送人几句吉利话也是施舍。如果嘴笨不善言辞，不说人不好也是一种功德。

长乐先生：在中国人的社交里，餐叙是一种重要手段。你别小看吃饭，这一招，不管哪里的华人都认同。大陆和台湾虽然同根同源，但现在很多文化、理念已经有了很大的差异，有时候沟通起来就有隔膜。

台湾的陈淑琬议员来凤凰卫视，我们怎么接待？一起餐叙！先上了两瓶茅台，陈淑琬拿起一瓶，说："这是真茅台吗？如果是，我能不能喝一瓶？"我说："当然可以了！"她就自己一边倒一边喝，喝了一个多小时。走的时候，她说："哎呀，这瓶还有一点没喝完，太遗憾了！"酒喝得好，交谈的气氛也好。结果，陈淑琬放下议员不当，跑到凤凰卫视做了主持人。

餐叙是一个非常好的沟通方法，到位、亲切自如。它可以把问题、矛盾、冲突暂时缓冲到人际交流中去，有什么解不开的疙瘩就一起说一说、聊一聊，喝点酒，大家都交交心，一次做不通就再来一次。只要大家还处在寻求建设性的过程中，就一定能达到相互理解。没有相互理解，就没有建设性。我们讲话，要充满建设性。

星云大师：我在海南参加博鳌论坛的时候，有记者问我如何看待两岸关系。我觉得两岸关系也需要共同的善意，"见面三分情"，多对话，才能增加情谊、增加互动、增加善意，才不会对立、斗争。

海南和台湾合起来是中国的两只眼睛，看着远处的海洋；也是中国的双臂，守卫着国家的门户。两个宝岛异曲同工。现在，两岸关系好起来了，但还需要建立共同认识。两岸的和好更要靠民众，你来我往，我来你往，来来往往，到最后谁来谁往都没分别了，不就是一家人了吗？我一生什么事都能放得下，只是对两岸关系念兹在兹。现在我岁数大了，更希望早日看到两岸和谐往来，两岸早日统一。未来，假如大陆准许我办大学，我是求之不得，我会建一所引进美国先进的教育理念并弘扬中华文化的大学，不仅教知识，还要把诚信灌输到教育中。

长乐先生：仓颉造字，天雨粟，鬼夜哭。人的话语含风蕴水，文中有乾坤，口中有黑白。我们平常说话，有时出发点是真实的，但表达不够好，最后的效果并不好。你可能是善意的，但你讲得生冷，或者场合不对，换谁也不高兴。语态谦和一点、诚恳一点，可能就没问题了。语态是一种语言的情绪。语言的建设性也非常重要，所谓建设性，就是能够被对方理解。你说得再深刻、再有远见，人家不理解，有啥建设性呀？那不就是废话吗？

理解才能产生共同的文化。我们凤凰卫视在台湾也曾被打了一个红戳，不让我们落地。我想，这些都是阶段性的，可以通过沟通去化解。正如大师所言，多对话，说好话，精诚所至，你的善意一定会被对方接受。凤凰卫视有来自不同国家的员工，好多人是境外的，有很多思想很激进的人，有很多不同文化的人。这些思想激进的主持人、评论员，有些言论很到位，但也有不到位的，有时把我噎得半天回不过神来。我就想办法调动他们积极的一面，让他们自己去淡化过于激进的一面，渐渐走向融合。当然，这种碰撞和融合需要漫长的过程。毕竟，南边和北边的文化不一样，港台和大陆的文化也不一样。但我相信，只要大家都抱着真诚善意的态度，说好话，多沟通，就一定能形成积极良好的话语环境。

行善是一种能力

长乐先生：善和恶是相对的。善不是打不还手、骂不还口，当公理正义遭受无情的打压排挤，当正人君子受到无端的毁谤抨击时，能够挺身而出，这就是一种勇敢的、积极的善。

行善要有智能。行善不是一时的恻隐之心，而是透过公理的感动助人；行善不是热闹的随众起舞，而是心存正念的服务济人。行善也不是私心的利益亲友，更不是有所求的惠施于人，行善的最高境界是怨亲平等，是无我无私。

善是自己身体力行的道德，不是用来衡量别人的尺度。真正的善也不一定是和颜悦色的赞美鼓励，有的时候是用金刚之力来降魔伏恶。

社会上往往有人曲解善，让善由宽恕、包容变成姑息、纵容，导致社会失序。滥行放生，反而伤生害命；滥施金钱，反而助长贪婪。无原则的善，会沦为罪恶的温床。因此，真正的善必须以智为前导，否则只会弄巧成拙。

星云大师：不错，行善也是一种能力。首先的和最根本的，就是要存好心、修善心。什么是存好心？不要有疑心、嫉心、贪心、嗔心、恶心，要怀慈心、悲心、愿心、善心、发心，是为存好心，也就是意修善。佛教的三业——身、口、意，为善、为恶，都是身、口、意；做好、做坏，也是身、口、意。身、口、意为善，可以送我们升入天堂；身、口、意为恶，也可以让我们堕入地狱。整个社会风气的好坏，就取决于人民身、口、意方向的去从。

长乐先生：为什么要修？我理解，因为心是最难把握的，也是人的一切问题的根源。中国的传统文化告诉我们：人之初，性本善。西方的宗教正好相反，它认为人的本性是恶的，因此我们要不停地反思自己的人性，要忏悔，要修炼。西方文化认为：人是有原罪的，人心是黑暗的。我觉得，人性里的确有恶之花，"文化大革命"就暴露了很多人心里最黑暗的东西。西方宗教要求信徒把内心的恶剖露出来，让恶大白于天下，然后学会去控制恶。西方教堂有忏悔室，你可以向神诉说任何你做得不好的事情，只要你真诚诉说，你的心灵就能得到净化。久而久之，你的心灵就变得健康了。我觉得，西方的人性恶思想对我们中国人来说有一定的借鉴作用。我们应该相信人性本善，更应该坦诚地面对人性中恶的成分，好好去修炼自己的心，摒弃恶。

星云大师：我们应该相信人性的善，并积极发扬这种人性的光辉。人人都说好话，耳根清净，社会家庭多么美好；大家都做好事，你帮我，我助你，一片友爱多么珍贵；大众都存好心，处处有春风、有和平、有尊重。正如《佛光菜根谭》所说："说好话，慈悲爱语如冬阳，鼓励赞美，就像百花处处香；做好事，举手之劳功德妙，服务奉献，就像满月高空照；存好心，诚意善缘好运到，心有圣贤，就像良田收成好。"

长乐先生：向善行善，人人都可以从自己做起。"9·11"事件发生以后，凤凰卫视在直播过程中想到那些与纽约的亲友中断联系的观众，及时推出了"帮你寻找在纽约失散的亲友"的服务。再比如，报道"非典"期间，凤凰卫视记者郑浩在传染病医院一边做报道，一边帮助医生做病人的思想工作。更有记者在午夜离开小汤山医院后，发现隔离衣还带在身上，为了不给他人的生命带来威胁，他们在荒郊野外点起了火柴，把隔离衣烧掉掩埋。传播善和爱的人，自己要先有真善和真爱，只有这样，才能给予受众人文关怀和切实的善意。

星云大师： 盛隆大理石工厂的负责人余福隆先生与我素昧平生。有一天，他寄了一张五万新台币的支票给我，作为建设佛光大学的基金，并附了一封信，说他只是一个微不足道的小人物，但盼这点小小的心意能对佛光大学的筹建工作有些许帮助。我当时想，大理石是一片一片慢慢切割而成的，要赚五万元实在很不容易。所以，我特地打电话向他致谢，并且问他："有什么需要我帮忙或服务的地方吗？"电话那头传来余太太既惊喜又感动的声音，她很诚恳地说："我们很卑微，实在不敢劳烦大师，只希望大师能拨空到我们的工厂来普照。"我立即允诺。鹿母夫人因卖嫁衣捐作鹿母讲堂的基金而受到时人尊敬，须达长者因以黄金铺设祇园精舍而名垂青史，行善的余福隆夫妇又怎么会是卑微的小人物呢？所以，我要把他们当作大人物去对待。

长乐先生： 有一位母亲，丈夫早逝，自己抚养几个孩子，以帮别人洗衣服为生。几个孩子知道母亲挣钱不容易，就利用课余时间做小活，将积攒下来的零钱全部放在一个存钱罐里。三年后，孩子们抱着存钱罐到商店买洗衣机，老板把存钱罐里所有的钱数了数，最后还差30多块钱。孩子们很沮丧，老板问："你们为什么要买洗衣机啊？"孩子们说："妈妈每天洗衣到半夜，我们给妈妈买的。"老板听后说："其实现在打折，你们的钱正好，回家等着洗衣机吧！"果然，没几天洗衣机就送到了，而且还是比孩子们订的更大、更好的型号。惊讶的妈妈找到商店，说："我们哪里有钱买这么好的洗衣机啊？"老板说："你的孩子们卖给我一个很棒的灵感，我的洗衣机牌子可以叫作'妈妈乐'，所以，这就是你们的洗衣机。"

星云大师： 什么是天堂？母亲慈爱勤劳，孩子懂事孝顺，老板喜舍宽宏，这就是人间天堂！拂拭掉心头的尘埃，伸出善良的手，你就能看到这个世界的清净庄严。中国有句古训：行善积德。一个人，能够不为非作歹，而且能够积极做出有益于社会公众的事，这便是一种善行。具有善良之心，多行善举，不仅助人，更能使自己获得快乐。正如一句名言所说：一种纯粹的快乐，只有在行善时才能得到。

陆
小善改变大世界

长乐先生： 赠人玫瑰，手有余香。吝啬只会让人生的路越走越窄。中学的时候，我们都学过《守财奴》这篇课文，纵有家财万贯，只不过是成箱成箱的铜板纸币，生不带来，死不带去，又有何用？

星云大师： 有位信徒对默仙禅师说："我的妻子贪婪吝啬，一财不舍，你能向我太太开示，让她行些善事吗？"默仙答允。当默仙到达信徒家时，信徒的妻子出来迎接，但一杯茶水都舍不得端出来供养，禅师就握着一只拳头说道："夫人，你看我的手，天天都是这样，你觉得如何？"夫人说："手如果天天这样，就是畸形呀！"接着，默仙禅师把手伸张成手掌，问道："假如天天这样呢？"夫人说："这样也是畸形！"默仙禅师立刻道："不错，这都是畸形。钱只知道贪取，不知道布施，是畸形；钱只知道花用，不知道储蓄，也是畸形。钱要流通，要能进能出，要量入为出。"

长乐先生： 我们能看见身体的畸形，但很少注意心理的畸形。一些科学家发现，善良的人乐观向上，喜欢微笑，会把时间用在运动等快乐的事情上；而不善良的人常对他人怀有恶意，会把时间放到算计他人上。因此，不善良的人要比善良人的生活质量低、寿命短。科学家指出，常做好事的人，身体更健康，更善于化解、应对各种压力和紧张情绪。研究还发现，当人表现出善意的举动时，大脑会释放出多巴胺，血液中复合胺的含量也会升高。这两种物质能使人在激动和紧张中平静下来，使人心情愉悦。"爱""感激"和"满足"这样的情感，会刺激脑下垂体后叶激素的分泌，使神经系统放松，使压抑感减少，体内各器官组织的含氧量显著增加，其运动就更加有效，就像经过一次康复治疗，对健康极为有利。平时广结人缘的人，有口皆碑，一旦有事，无疑大都能左右逢源、逢凶化吉，成就更大或更多的事业。所谓"得道多助""吉人天相"，其实是有相当的根据的。

星云大师： 善的好处可能一时看不到，时间长了，必能看到。恶的坏处也不一定一时就能显现出来，但时间久了，必会积累爆发。世间有人过分贪财，有人过分施舍，都不是佛教中道之义。悭贪之人应知喜舍结缘乃发财顺利之因，不播种，怎有收成？布施之人应在不自苦、不自恼的情形下为之，否则即为不净之施。不修心，不行善，不乐善好施，正是一种人生的畸形。

情义人生

星云大师： 善人做好事，容易被人欺负；恶人做坏事，总能令人畏服。其实，人善人欺天不欺，人恶人怕天不怕。有一个寓言故事说：有一恶人过河，因桥被水冲走，便将庙里的木雕神像扛来做桥，垫脚而过。一位善士见了，不禁直喊："罪过，罪过！怎可如此亵渎神像！"于是，他赶快把神像送回庙里，并且供以香花、水果。这时，神像开口要求善士添油香，善士质问道："恶人毁坏你，你不责怪他；我保护你，你怎么反而要我添油香呢？"神像说："因为他是恶人，我何必惹他？因为你是善人，我怎可不叫你做好事呢？"所以，做好事的人，心里要有准备，更要有正确的认识。

长乐先生： 一件事的发生，是福还是祸，很难从表面上来断定。进一步说，一件事发生了，是好是坏，背后很多更深的内涵才是决定因素。行善的人，自己心里要有主心骨，或者说要有信仰，不能被恶言歪风动摇了自己行善向善的心志。

星云大师： 大陆海协会（海峡两岸关系协会）会长陈云林先生，10多年来专职处理两岸事务。陈先生三来台湾，都打电话与我联系，希望有机会到佛光山参观。他第四度来台湾时，专程到佛光山拜访，我站在朋友的立场以礼接待。对此，有些人在网络上发表文章责怪我，说"和尚穿着袈裟迎接大官"。我想请问：和尚难道就没有朋友吗？过去释迦牟尼佛迎接频婆娑罗王与波斯匿王，他也不应该吗？现在梵蒂冈的教宗迎接各国元首、大官及重要人士，他也不得体吗？

长乐先生：但凡有所作为的人，谁没有被冤枉诽谤、恶意中伤过？人有一种奇怪的心态，就好像一笼子鸡，大家一起吃菜，每只鸡每天下一个蛋，大家彼此安好。突然，有一只鸡想努力、想拔尖了，非要一天下两个蛋，众鸡就恨不得啄死它，起码啄碎它的蛋。成功和挫折是成正比的，成功越大，挫折越大。回顾我自己创业奋斗的一生，我遇到的成功和挫折也是成正比的，有时，在量的对比上，挫折甚至会大于成功。而且，有时或许刚刚取得成功，就会遇到挫折。

星云大师：我总是说，这个世界是一半一半的，好的有一半，坏的也有一半；佛一半，魔一半。作为善良的人，我们要承认、接受这个事实。佛陀制戒其实只有一条，就是不侵犯、给人存在和共生共荣。所以，对待毁誉，不要放在心上。

我自己就倡导残缺的美，残缺没有关系，在残缺里表现美。有一次吃饭，一个医生说和尚也吃饭？我说不吃饭怎么生存呢？我参加选举，他们说和尚也能选举？我写文章，我的徒弟告诉我：师父，有个人在文章后说了一句恶口，他说"放屁！"后来我想，谁在放屁呢？我们没有放屁，那是谁放屁呢？当然是他。所以，我是无所谓的。

我倡导身体要做好事，口头要说好话，心要存好念，因为我坚信每个人在这世间做的事情都是有回应的。我们对一座山喊一句话，大山会有回音。有个小孩被石头绊了一跤，于是说了句"我恨你"。山听到了，就回答说：我恨你。有人就跟这个孩子说："孩子，你对山说我爱你。"这个小孩就对着山说"我爱你"，山也回了一声"我爱你"。

长乐先生：云南"钱王"王炽在商道中领悟到："说我，羞我，辱我，骂我，毁我，欺我，骗我，害我，我将何以处之？容他，凭他，随他，尽他，让他，由他，任他，帮他，再过几年看他。"外界的恶好像皮球，使劲往上抛时，可以把皮球送到高处；狠狠往下砸时，利用反弹力，同样可以把皮球送往高处。毁谤啊，挫折啊，也许是人生的礼物！

星云大师： 极是！我就是这样一天又一天、一次又一次默默地忍受下来。如今，回首人生路，多少政治的迫害、同门的打压、社会的误解，以及许多不实的批评和污辱，都像云烟一样，轻飘飘地过去了！这次陈云林先生来访，事后徒众告诉我，媒体报道大多持正面看法，尤其是对我送给陈云林"情义人生"四个字，舆论更是多有赞美，认为人间应该要有情义。

长乐先生： 大师这四个字极妙。人世间的许多事情，没有绝对的善恶，只有相对的黑白，有情有义之人，最终是经得起时间考验的。所以，在行善被人误解、人生遇到低谷的时候，没有必要丧失信心或走向反面，要以长远的、发展的眼光看问题，不计较一时的得失。一家公司进了很多新员工，都是朝气蓬勃的大学生，有一个内向的孩子总是被人欺负，干了很多不是他分内的事情。这个孩子从不抱怨，做完了自己的工作就帮同伴的忙，因此，他比别人更早接触到更多的公司业务。10年后，他是这批员工里职位最高的人。所以，老话有理：吃亏是福。

星云大师： 1964年的夏天，有人上山兜售僧鞋。我当时为了筹措办学经费，经济十分困难，但想到当年出家人很少，僧鞋的生意一定不好，就上前问他价钱。他说："一双30元。"怕我砍价，他又追了一句："绝不打折。"结果，我掏出40元向他购买一双。他抬起头来，奇怪地望着我说："别人都要求我打折，为什么你不还价，反而要加价？"我说："贩卖僧鞋很困难，如果你不做生意，那我们就很难买到僧鞋。如果你能多赚一点利润，拿这些钱来改善僧鞋品质，大量生产，那我们购买就便利了。所以，我这样做，不只是为了帮你，更是在帮我自己，你安心收下吧！"

长乐先生： 又是吃亏是福的例子！这一次，不光利人，长远来说也利己。大师的善举，用商界的眼光看，叫放长线钓大鱼，不求眼前利益，不求一己利益，坐收未来的无限希望。卖鞋的小贩不知道大师这是用10元去投资未来，双方皆获利，真是皆大欢喜！

把握制度的人性边界

长乐先生： 人间处处都是道场，做企业也是修行。我在管理上有个缺点，就是心软，不会铁面无私。因为我觉得每个人都有长处，都是好员工，一时的不得力是可以原谅的。我们有个女主持人，有一阵状态不好，没合适的节目用她，按理说该辞退，我想了想，派她去跑新闻了。过了半年，一个新节目上马，我又让她去试试。一试，可以，我就让她继续做主持人了。所以，我愿意给员工机会，愿意赔时间、赔金钱去等待一个人的成长，因此，很多人感谢我的"知遇之恩"。不过，我有时候也在反思：自己对不称职的员工的包容是不是会伤害称职的员工？我的人情味是不是会破坏公司管理的刚性？

星云大师： 有情有义好过无情无义。1995年在菲律宾讲经时，我听说吴伯雄的父亲往生，立即赶回台湾参加第二天早上的告别式。没想到这一点点小事令吴伯雄感动无比，他多次在演讲中对大家说我是一个有情有义的人。每次听到这话，我都非常惭愧。回想我1949年初来台湾的时候，还不需要入境证，没想到后来办户口的时候，入境证竟成为必要的文件。正当烦恼时，担任省议员的吴老先生如及时雨一般，帮我们几个没有入境证的僧青年办户口。之后，慈航法师和我等32位僧伽受诬入狱，为了将我们保释出来，吴老先生帮了不少的忙。60多年来，姑且不论吴老先生父子对佛教的拥护支持，即以当年的恩情而言，能在老先生舍报之时，为其祝祷，实在是我应该做到的本分！1996年，我在台北"国际会议厅"主持"般若与人生"讲座，那时正是台湾怪力乱神事件炽盛，邪魔外道扰人最甚时期。有些学校不明就里，甚至拒绝宗教教育进入校园，而一些原本倾向于佛教的官员也噤若寒蝉。没想到吴伯雄以国民党"中央委员会"秘书长的身份，专程从远地赶到会场致辞，表示护持正法的决心。我深深觉得：吴伯雄先生才是一个真正有情有义的人。

长乐先生：人生在世，情义千斤重。我始终相信一句话：落地为兄弟，何必骨肉亲。我创业多年，自己做公司，也见过很多公司。有些跨国公司的确是靠制度管人，而对凤凰卫视来说，我更侧重于制度基础上的情义管理。我觉得，情义管理是一个很有中国特色的管理样本。"情义"的重点不在"情"，而在"义"。所谓"情"，就是两人眼睛对视；所谓"义"，则是两人眼睛朝向一个方向。比如，员工向你要待遇，你很窝火，觉得我已经给你很多了，你怎么还要？员工会觉得，我给你拼命，你才给我这么少？由此就会产生对立。如果碰到这种情况，我说"可以给你待遇，但这钱咱们要一起向外面挣"，这样就把对视的"情"转化成了同向的"义"。在企业里，最难处理的关系之一就是"要"和"给"的关系。要做到合理、合法又合情，的确是很难的，就如天平上的砝码，任何一点尺度和分寸都很重要。

星云大师：总裁说的这一点我也有亲身经历。所谓"俗情不比僧情浓"，短短数字，道尽了佛门里的"有情有义"实有甚于世俗中有求有取的感情。记得我15岁受戒时，母亲跋山涉水远来探望，我趁晚自习与母亲会面。开大静的时间到了，母亲依依不舍，泪流满面，我只好留下来安慰她。

第二天，纠察师向开堂和尚月基法师报告我没有回寮就寝，当时自忖：这下惨了，会不会被开除？没想到月基法师当众回答说："他昨晚在我寮房里啊！"纠察师知趣而退，我也因此免于受罚。我当时不过是一名无闻的小沙弥，对于月基法师的通达人情、机智解危，我真是由衷感戴。

陆

小善改变大世界

1954年，当得知他在香港无人接济时，我想尽办法将他迎接来台。高雄佛教堂落成以后，我推举他为住持。后来，在他晚年多病时，我几次半夜三更送他就医，照顾他直至终老，又亲自将他的骨灰送往栖霞山寺，为其建塔安奉。滴水之恩，涌泉以报，我只不过是将当年那恩"情"延续下去，并且付以实际的行动，使之成为一项有始有终的道"义"罢了。

长乐先生：这位月基法师也真正是个懂得管理的人，他不光能很好地把握制度的人性边界，更难得有一颗善意的、体谅他人的心，也是一个有情有义的人！有的朋友问我："我自己觉得对员工很好，连续给他们加工资，但他们觉得那是他们应得的，并不是特别感谢我。时间长了，我也觉得懊恼。到底如何做才能让员工感受到我的'情义'呢？"

他提出的这个问题，在很多公司里都有普遍性。我建议他：情义不在钱，全在点滴间。我这个人记性好，聊天的时候员工说的话我都记着。比如，有的员工说对吉普车感兴趣，那"千禧之旅"的时候我就派他去。闲聊的时候我听说周瑛琦英语好，海南举办世界小姐选美大赛，我就派周瑛琦去主持。这样点将点得多了，每个员工都会觉得老板挺了解他，会觉得跟我有点私交。

再有就是我这人比较热心，甚至有点"多管闲事"。窦文涛从深圳公司调到北京公司工作，我就想起他是不是需要个北京车牌。这种很小的事情，我都会记着。员工也是人，而且员工是公司最大的财富。我虽然忙，但再忙也惦记着员工的个人小需求。中国人很认"性情"，我就是个真性情的人，甚至有时做事可能不靠谱，但我真心把每个人当自己的朋友，这个作不了假。

星云大师：的确，单纯地给钱不一定能让员工感受到你的情义。40年前，我在雷音寺驻锡弘法时，曾花费一番心思，将深妙的佛法化为平易的词语，教育当地的青年。日后，心平、慈庄、慈惠、慈容、慈嘉、心定、杨慈满、萧碧霞、吴宝琴等人便相继死心塌地地跟随我南来北往，弘法建寺。他们有的不计待遇，一生奉献常住；有的不辞辛苦，整日清理劳作；有的以美味的素食广度众生；有的用悦耳的音声讲经说法；有的将父母遗留的嫁妆悉数用作办学经费；有的把全部精力投入佛教事业。

如今，我有上千入室弟子分散在世界各地，或住持一方，或接引信众，或开办教育，或到处说法，或养老育幼，或编辑写作……他们在各种时空里展现了"有情有义"的人生，这是我一生中最欣慰的事情。

长乐先生： 中国人特别讲情义，我觉得"情义"是中华文化的一个独特密码。儒家的"仁、义、礼、智、信"对"重情重义"的文化价值的形成有决定性作用。正所谓"仁者爱人"，一切活动，包括经济活动，出发点和落脚点都应该是"仁"，也就是前面我和大师反复探讨的珍贵的善意。没有这珍贵的善意，就不会有义举，更不会有礼、智、信。"仁"在甲骨文里的写法像两个人鞠躬，彼此尊重称为仁。儒家思想认为："礼之用，和为贵。"有情义的企业，一定也是气氛圆融的。

星云大师： "有情有义"简单来说，是一种往复循环、互相交流的感情，十法界一切有情莫不如此。悉尼海边一只瘦弱的海鸥，因我特别关注，临走前来往飞行，围绕三匝，好像在向我致意；昆士兰林间一对顽皮的松鼠，因我饲以面包，后来每天清晨都前来拍打精舍的大门，似乎在向我问安道好；云居楼外一只流浪的白足黑狗，人皆以其不祥而弃之，独我对它友善，有一回它居然引领我到如来殿，和求见的信徒晤面；开山寮中一群五颜六色的禽鸟，因我将它们放归自然，从此呼朋引伴，在天空翱翔飞舞，婉转齐鸣，为佛光山增添无限的意趣。连身处三途的旁生畜类都能如此"有情有义"，更何况千万年来以互助为进步之基的人类社会呢？

长乐先生： 当今社会急速发展，市场经济使各种利益交织，各种关系混杂，各种欲望膨胀。有情的人类，有时候甚至不如无情的动物、草木。昙花一现多了，铁树就成了稀罕；急功近利多了，气定神闲就成了坚守。树木、楼房、城市、梦想都在拔地而起、见风生长，这个世界有点躁，这个世界有点乱。但我仍然相信，这世界上最终不变的，是人类普适的价值观——情义、诚信、善意、宽容。它们不会因为时间、地点的变化而变质。于大地，它们是根本；于人类，它们是灵魂。在人生攀缘的过程中，我们要征服的不是高山，而是我们自己。你是否能在物欲横流中保持一颗善心？你是否能在无情无义中坚守"情义"？

星云大师： 经常听人叹言：在现代功利主义挂帅的世界里，夫妇轻言别离，朋友动辄反目，哪里找得到"有情有义"的人呢？其实，如果我们能从消极地外

陆

觅转变为积极地躬身实践，从被动地接纳企求转变为主动地付出给予，从布施小恩小惠扩大到为对方的未来着想，从身边的亲朋好友推及世间的一切众生，天地之间，何处不是情义？尔虞我诈、动乱纷争都是社会的病态，我们有幸身为万物灵长，何不承担起做人的责任，用"有情有义"的态度来面对人生、温暖世间呢？

柒 信仰与诚信

青青翠竹无非般若，郁郁黄花皆是妙谛。

神秘的禅宗

长乐先生： 伦敦大不列颠国家图书馆的广场上，矗立着世界十大思想家的雕像，其中三位代表着东方思想，被称为"东方三圣人"。他们分别是孔子、老子和慧能法师。孔子和老子大家比较熟悉，而慧能法师大家可能不太熟悉。

星云大师： 慧能大师被尊为禅宗六祖。他得传五祖弘忍衣钵，建立了南宗，弘扬"直指人心，见性成佛"的顿教法门。"菩提本无树，明镜亦非台。本来无一物，何处惹尘埃"就是六祖慧能大师的开悟偈。

长乐先生： 能与儒家、道家并立，可见禅宗对中国文化影响之大。北京有个潭柘寺，也是禅宗的祖庙。老北京人说，先有潭柘寺，后有北京城。中国禅宗把摩诃迦叶列为"西天第一代祖师"。禅宗由达摩传入中国，慧能大师应该是将其发扬光大的集大成者。也有人说，禅学是中国佛教的最高境界。

星云大师： 要理解禅宗，说来话长。不过，禅门有句话：小疑小悟，大疑大悟。禅宗祖师们常说"要提起疑情""要大彻大悟"，这可以说是了解禅宗的最好方法。疑情是什么？又彻悟些什么？这些都不是言语文字所能表达的。有个卖豆腐的老头儿，卖完豆腐，经过一座寺院，在禅堂外见到很多人正在打坐，一时好奇，也盘腿坐了起来。一炷香结束，有人问他感想如何。老头儿说："太好了！坐禅太好了！""好在哪里呢？你倒说说看！""我在打坐时，想起了30年前东家村有个姓张的欠了我20块豆腐钱。"众人一听，哈哈大笑。如果这种参禅也算一种悟境，我们不妨姑且将它称为"豆腐禅"。

长乐先生：禅宗看似简单却难以修行，看似浅白却意义深奥，它和实际生活的联系最多，处处在我们的生活中。"豆腐禅"也是一种民间的幽默。不过，说到参禅，它真正的起源到底在哪里呢？

星云大师：佛祖释迦牟尼在灵山上说法，大梵天王率众人把一朵金婆罗花献给佛祖，隆重行礼之后退坐一旁。佛祖拈起这朵金婆罗花，意态安详，一句话也不说。大家都不明白他的意思，面面相觑，唯有摩诃迦叶破颜微微一笑。佛祖当即宣布："我有普照宇宙、包含万有的精深佛法和熄灭生死、超脱轮回的奥妙心法，能让人摆脱一切虚假表象修成正果，其中妙处难以言说。不立文字，以心传心，于教外别传一宗，现在传给摩诃迦叶。"随后，佛祖把平素所用的金缕袈裟和钵盂授予迦叶。这就是禅宗"拈花一笑"和"衣钵真传"的典故。

长乐先生：禅宗和佛教的其他流派不一样，你看拈花微笑的故事，它讲究的是"以心传心"，讲究的是"悟"，不是引经据典的，不是经文考据的。我个人以为，从禅学的角度来沟通和衔接精神世界与物质世界，是一个非常有意思的创造。那么，到底什么是禅？我觉得，禅是一种境界，一种生活艺术。禅是一种变化，是自我改善和提高的过程。禅是一条卓越之路。

星云大师：刚才总裁讲得很艺术，什么是禅？总裁给的是描述，而不是定义。为什么？因为凡是对佛教有研究的人都知道，禅是不能讲的，是没有定义的。禅的境界是言语道断，心行路绝，与思维言说的层次是不同的，妙高顶上，不可言传。

长乐先生：中国禅宗标榜的是直指人心、明心见性，号称没有方法的方法，但到后来，就慢慢演变为参话头了。所谓参话头，就是提起一个怀疑的话头在心中研究。比如，"生从哪里来？""死了有没有？""念佛的是谁？""哪里来？哪里去？"等等，就叫作话头。话头也要参到心一境性，才能谈得上开悟不开悟，这也是初禅的第一步。

星云大师：释迦牟尼佛当年顿悟，他究竟悟到了什么？

他感到过去的人和事都清晰地浮在眼前，历史上的种种都历历如绘地展现在眼前；过去、现在、未来并不是截然不同的三个阶段，时光流年被一条细长的环索绵绵密密地连缀在一起，原来无始无终的时间是在当下的一念，这一念之下已具足了三千大千的光风霁月。

佛陀感受到远近的世界慢慢地向他靠拢而来，山河大地在他的眼前散发出五彩的光芒。佛陀觉悟到自己和世间万物原来没有对待、差别，即便是草木沙石，也具有菩提道种，皆为平常。佛陀说："奇哉，奇哉，一切众生皆有如来智慧德相，只因妄想执着不能证得，若离妄想，一切智、自然智、无师智，皆得显现。"这就是"一切众生皆有佛性"之来由。

释迦牟尼佛在菩提树下打坐入定，精进修行，到了烦恼断尽、智慧圆满的时刻，心中的黑暗完全消失了，心中的智慧光明完全显现出来了，看到天上一颗明星出现，刹那顿然大悟。释迦牟尼佛修的内容即是"禅"。学禅之目的就是"顿悟"，是瞬间达到永恒。很多人修行，追求的就是顿悟的那一刻，就是在某种条件和环境下，突然在契合的一刹那超越了时间和空间，了知了因果和过去、现在、未来，到达了彼岸，实现了永恒。

长乐先生：我个人理解，禅是一种特殊的思维方式，并不是一种纯粹的宗教。这种思维方式是以个体的直观感受来体验的。这种直观感受既非有意识，又非纯粹无意识；既非泯灭思虑，又非念念不忘。《佛法概要》中说："正像那寒潭清水，皓月当空那样惺惺寂寂，寂寂惺惺。寒潭清水，是寂静无波，就是寂而常照的境界；皓月当空，天上一轮月，清光皎洁，当空普照，这就是照而常寂的境界。"李泽厚在《华夏美学》里也说："禅接着庄、玄，通过哲学宣讲了种种最高境界或层次，其实倒正是美学的普遍规律。"

柒

星云大师：总裁理解得很对！很多人对禅很好奇，觉得禅很神秘，怎么去修禅？禅的风格确是相当独特的，所谓"教外别传，不立文字"。但禅门宗旨并非人人能解，故而常受人曲解。然而，禅的机锋教化，都是明心见性之方，都是依人的本性——佛性而予以揭露。禅的原则是建立在"众生皆有佛性，人人皆可成佛"的道理上的。

长乐先生：中国的禅宗在兴起之后冲击着主流文化，影响了中国古代的哲学、艺术、文学。比如，宋明理学的复兴完全是因为受佛教的影响，特别是受禅的影响。中国的书法、绘画、雕塑在唐宋以后都受禅的影响。可以说，中国人的思维、中国人的生活，无不受到禅的影响。中华文化的腾飞，点睛之笔就是禅。刚才大师说，众生皆有佛性，人人皆可成佛。禅虽然说起来玄妙，但实际上禅就在我们每个人心中，启迪物就是我们日常生活中随处可见的大千世界。想要领悟禅，绝非易事，因为禅是自悟的，不是别人可以教给你的，唯有自己负责，自我努力。

随时、随性、随遇、随缘

星云大师：每个人都希望自己很聪明，有智能，但是，聪明智能不是你想要就有，想要就能得到的。什么是聪明呢？

长乐先生：民间说：耳聪目明，是为聪明。按照惯常的理解，聪明就是智力过人，心思敏锐。聪明不等于智慧，智慧相对于聪明应该是更高级的。《说文解字》里说："聪，察也。"聪明给我们带来的是明察判断的能力。

人生就是一次又一次的选择，明察判断可以说是人生最重要的能力。所以，聪明十分重要。

一家公司招考公关人员，应征者有500多人，考题中有一则是：为什么有些人喜欢过河拆桥？成绩排在前10名的应征者，多半是抨击过河拆桥的人忘恩负义，虽然文情并茂，但引不起老板的注意。有一位应征者的答案是：如果前有大河，后有追兵，我们就得过河拆桥，防止敌人跟上来。老板对其的评语是：头脑灵活，准以录用。

后来，老板又从落选的人中发现另一位应征者的答案是：过河拆桥的原因是前面还有河，需要利用仅有的材料继续造桥。老板欢喜地表示：这才是最有创意的答案，这人可以去创意部。

柒

有句话说，鱼在水里吐泡，打破水面平静。真正的人才也是如此。这两位应征者都是聪明人，他们的聪明在于准确认识到出题人的意图，进而做出建设性的回答，而不是空发议论，人云亦云。

星云大师：聪明人绝不固守陈规，绝不固执己见。我执太重的人，不容易进步，因为不能接受、不能容纳别人的意见，就会自我设限，哪怕智商再高，也会渐渐失去聪明智能。

三伏天，禅院的草地枯黄了一大片。"快撒点草种子吧，好难看呀！"小和尚说。"等天凉了。"师父说，"随时。"中秋，师父买了一包草籽，叫小和尚去播种。秋风起，草籽边撒边飘。"不好了，好多种子都被吹飞了！"小和尚喊。"没关系，吹走的多半是空的，撒下去也发不了芽。"师父说，"随性。"撒完种子，马上就飞来几只小鸟啄食。"要命了，种子都被鸟吃了！"小和尚急得跳脚。"没关系，种子多，吃不完。"师父说，"随遇。"半夜一阵骤雨，小和尚早晨冲进禅房喊："师父，这下真完了！好多草籽被雨冲走了！""冲到哪儿，就在哪儿发。"师父说，"随缘。"一个星期过去了，原本光秃的地面上居然长出了许多青翠的草苗。一些原来没播种的角落，也泛出了绿意。小和尚高兴得直拍手，师父点头道："随喜。"

长乐先生：这就是不固执于小我、不限制于"我要如何"而懂得随境而动的聪明人。聪明人不会故意表现自我的聪明，爱表现的往往是"小聪明"；聪明人不拘泥于一时的得失成败，因为他明白事情发展的过程和规律。

星云大师：当然，聪明人也不能人云亦云，应该多问问：人是怎样的？事是怎样的？理是怎样的？一定要有自己的见解、自己的看法。胡适之先生曾提出：大胆地假设，小心地求证。在提出疑情后，我们要多读资料，把自己融入真理的法海里，使自己进入到知识、常识的世界里，从听闻、思想、修证中求智能，以闻思修而入三摩地。

长乐先生：古人认为，疑是思之始、学之端。学贵有疑。我觉得，会质疑的人应该是有创造性的人，因为质疑使人们用另一种方式看待问题，这可以使人们走出难以摆脱的消沉。在公司里，有些员工看上去很"讨厌"，他们总是在质疑，看上去有点"挑战权威"。作为领导者，我觉得他们是一种聪明的存在，质疑可以激发大家脱离既有意识形态的束缚，接受掌握知识的局限，从而获得更灵活而广阔的思路。

星云大师："提疑情，探究竟"是提升智慧最重要的法门。禅宗讲开悟，在开悟之前，要参话头，要提起疑情，要不断地思考，不断地问"为什么"。为什么念佛就成佛？为什么我要悟道？世界为什么存在？佛祖为什么降生人间？不断地探究"为什么"能促使我们凡事多想。吃饭的时候想：为什么要吃饭？睡觉的时候自问：为什么要睡觉？每天多问自己几个为什么，就能触发自己的思想。能多多提起疑情，多多思考，自然能得聪明智能。

长乐先生：随不是跟随，是顺其自然，不怨怼、不躁进、不过度、不强求。随不是随便，是把握机缘，不悲观、不刻板、不慌乱、不忘形。随时、随性、随遇、随缘、随喜，这"五随"正是琐碎生活中的大禅悟。参禅听上去深奥，其实就是藏在琐碎生活中的大真理，就在一针一线、一草一木中。

星云大师：心外求法了不可得，本性风光人人具足，反求内心，自能有所领悟。从前，父子两人都是小偷。有一天，父亲带着儿子同往一个地方作案。到了那个地方，父亲故意把儿子关在人家的衣橱里，随后大喊捉贼，自个儿逃走了。儿子在情急之下伪装老鼠叫声，才骗走了那家的主人，逃了出来。他见到父亲后，一直不停地抱怨。父亲告诉他说："这是在训练你的机智，看你的应变能力。这种应变能力是要靠你自己掌握的，别人是没有办法帮上忙的。"

这则故事，虽然说的是不道德的事情，但父亲教孩子的方法可以拿来比喻禅门的教学态度。禅师们常常将其弟子逼到思想或意识领域的死角，然后要他们各觅生路。在这种情形下，如果能够冲破这一关，呈现在眼前的便是一片海阔天空，成佛见性就在此一举。"丈夫自有冲天志，不向如来行处行"，这种披荆斩棘的创发宏愿，可说是禅门中教学的基本宗旨。

不要被别人牵着鼻子走，在修持上独立承担，自我追寻，自我完成，这是禅的最大特色。

柒

长乐先生："丈夫自有冲天志，不向如来行处行。"我在培养凤凰卫视的人才时，也常常用大师讲的故事中这一招，逼着员工自己去找生路。凤凰卫视在东京的记者站只有一个20多岁的女孩李淼，她租住在东京一个45平米的公寓里，除了采访设备，没有桌子，也没有椅子。我们把小姑娘自己丢在那里，没给她什么资源，只给了一个"支局长"（记者站站长）的名号，实际上她只能自己领导自己。我们把她逼到了不得不调动全部能力的境地。李淼的每一天几乎都是一样的：带着摄像机和麦克风，披星戴月地在外采访，发大量的新闻，和总部联机，还要想尽办法，让日本社会和政界认知并接受凤凰卫视。

已有120年"悠久历史"的日本记者俱乐部制度，是日本新闻界"闭关保守"的代名词。只有特定的媒体和记者，才被允许参加首相官邸及各省厅举办的记者会。为了加入俱乐部，李淼利用多年留学积累的人脉到处游说。那一年她鞠的躬是一生中最多的。终于，在投票表决时，首相官邸和外务省俱乐部所有成员全部投了赞成票。随着凤凰卫视在日本知名度的提高，李淼也成了中国和日本的名记者。我猜，李淼在一个人的坚守中一定收获了很多书本上学不到的知识，领悟了很多一般人参透不了的禅。

《老子》中说："大道甚夷，而民好径。"为什么放着平坦的大道不走，非要去走小路呢？因为大道难修。放弃难做的事而偷懒，是人之常情。但是，但凡干出一番事业的人，莫不是披荆斩棘，杀出一条血路，成就了独一无二的事业，同时也成就了自己与众不同的人生。"不向如来行处行"——这才是真聪明，大智慧。

人性的弱点如魔法

星云大师： 当今社会，知识爆炸。很多人虽然知识丰富，但正解不正，导致知识生了病。知识生病，就成为"痴"，因为痴，所以不能认识真相。世间的林林总总，在一个悟道者看来，其实是颠倒的世界、愚痴的社会、邪见的人生，处处都是自我恼害！

长乐先生： 知人难，知事难，知理更难。大师说现代人因为知识而生病，真是形象！知道得多、懂得多，不代表能驾驭这些知识，真正明白这些知识，于是便生了"痴"病！人们痴迷于获取新知识，但往往忘记获得知识是为了更好地认识自我，很容易走到人云亦云的歧途上去。

人之不自知，正如"目不见睫"，即人的眼睛可以看见百步以外的东西，却看不见自己的睫毛。多少人每天忙于指责他人不如法，却忘了关心一下自己的起心。人如果不能认识自己的理想、自己的责任、自己的使命，即便有再多的知识，也往往庸碌一生、一事无成。我最心痛的是，农村有些读过几年书的小孩，自己的父母面朝黄土背朝天地辛苦劳动，他们却以读书为借口躲在大树下乘凉，这些书真是白读了。

柒

信仰与诚信

星云大师： 黄秀美是一个美丽、柔和、洋溢着欢笑的女孩，即使是在佛光山读佛学院时，仍然带着一点红尘的梦想。有一次，有人随口问她："秀美啊，想不想出家？"那孩子稚情、认真地说："我还没穿过玻璃丝袜呢！"后来，有机会到美国，我托人买了几双玻璃丝袜。海关人员检查我的皮箱时，露出不解的异样眼神，仿佛在问我：出家人买玻璃丝袜虽然不犯法，但买来做什么？我心里想：为了满足一个学生穿玻璃丝袜的梦想，为了对一个徒众发稀有的出离心表示鼓励，先生你哪里会晓得出家人也有天下父母心啊！

长乐先生： 大师这一招特别妙。人生中之所以有许多"痴"，其实就是因为不曾拥有，才会那么迷恋，真的拥有了，就觉得没什么了。比如抽烟，我朋友的小孩刚学会抽烟，他爸爸非但不禁止，还一起点着20支烟给他抽，小孩子呛得把胃里的东西全吐出来了，当即就说他再也不抽烟了。所以，有时候，对待"痴"病，要出奇招、下猛药。

星云大师： 禅宗的修行不讲常理，不讲知识，因此它不受知识的阻碍，也更视惯例为最大的敌人。知识教人起分别心，在知识领域里，人们会因此迷失自我，甚至为邪知邪见所掌控，成为危害众生的工具。所以，禅首先要求追寻自我，其过程和手段往往不顺人情，不合知识，违反常理。因为在禅师的心目中，花不一定是红的，柳不一定是绿的，他们从否定的层次去认识更深的境界。他们不用口舌之争，超越语言，因而有更丰富的人生境界。傅大士善慧说：空手把锄头，步行骑水牛；人从桥上过，桥流水不流。这是不合情理的描述语句，完全是在挑战迷妄的分别意识，以破除一般人对知识的执着。扫除"有分别"的世界，使人进入更真、更美、更善的心灵境界。禅语是不合逻辑的，但它有更高的境界；禅语是不合情理的，但它有更深的含义。

长乐先生： 大师刚才所讲，并不是让我们不读书，不学习知识，他讲的是更深层面的学习，就是先找到自己，然后更通透、更通达地认识世界、探索真相，不学死知识，不为了有知识而有知识，不为了有知识而迷失本我。西方一位哲人说过，一个人不可能学会他自认为已经知道的东西。这里包含两层意思：一是自认为知道，其实不求甚解；二是道理明白，却不去实行。反观我们现在的学习，何尝不是如此呢？很多时候，我们读了一本书，能够人云亦云，就觉得自己掌握了其中的真理，很有知识了，其实离真理还远着呢！

星云大师：有一次，慧能大师在别人家借宿，中午休息的时候，忽然听到有人在念经。慧能倾身细听，感觉不对，于是起身来到那个念经的人身边说道："你常常诵读经文，是否了解其中的意思？"那个人摇摇头。慧能就对那个人刚才朗诵的部分做了详细的解释：

当我们在虚名浮誉的烟灰里老去，满头白发的时候，我们想要什么？

当生命的火将熄，心跳与呼吸即将停止的时候，什么是我们最后的期盼？

当坟墓里的身体腐烂成尸骸，尘归尘，土归土，生命成为毫无知觉的虚空之后，我们在哪里？

那个人又惊异地追问慧能佛经上几个字的具体解释。慧能大笑道："我不认识字，你就直接问我意思吧！"

那个人感到更加吃惊，说道："你连字都不认识，怎么能够了解意思呢？"

慧能说："诸佛的玄妙义理和文字没有关系。文字只是工具，理解靠的是心，是悟性，而不是文字。骑马的时候，不一定必须有缰绳，那是给初学者准备的，一旦入门，就可以摆脱缰绳，到想去的地方自由驰骋。"

长乐先生：有的人自己觉得读了很多的书，都成了博士，于是便处处以为自己最大、最正确，事事都要充当一下专家，殊不知正是这样的定位阻碍了他继续获得真理的脚步。此时，书变成了他突破自我的障碍。书，是钥匙，是启迪，但绝对不是真理本身。我常常能在田间地头听到老农讲出最震撼人心的简单真理，也常常看到高等学府中侃侃而谈的学者专家被所谓的博学封闭了进步的窗口。

星云大师：六祖曾说："我有一物，无头、无脸、无名、无字，此是何物？"神会接口答道："此是诸佛之本源，众生之佛性。"六祖不以为然，明明告诉你无名无字，什么都不是，你偏偏要指一个名字出来，这岂不是多余？禅的教学是绝对否定分别意识，不容许意识分别掺杂其中的。在佛门中，被人们赞作知识广博的智闲禅师在参访药山禅师时，药山禅师问他："什么是父母未生前的本来面目？"智闲禅师愕然不能回答，于是尽焚所藏经书，到南阳耕种。有一天，他在

柒

耕地时，锄头碰到石头，铿然一声，他因而顿悟。"一击忘所知，更不假修持"，这就是药山不用知识来教授智闲的原因。他要让智闲放下一切知识、文字的迷障，以返求自心。这种超然的教学，可以说是绝无仅有的，这在一般的知识界里简直是一件不可想象的事。

长乐先生：大师说古，我来论今。2009年的金融危机，就其本质而言，是一次对基本价值的信任危机。每次危机之后，人们都觉得自己恍然大悟了，不会重蹈覆辙了。但是，很快，同样的错误再次出现。正如马克思所说，历史总在重复自己，第一次是悲剧，第二次是闹剧。人们会因为走得太远而忘记自己为什么出发。我们所处的社会，有许多基本原则，比如坚守诚信，比如善待良知，比如力戒贪婪，比如防范风险，比如量入为出，比如"市场"，比如"社会"……基本原则是人们在千百次的实践、千万次的教训中得来的。我们自认为这些原则像"1+1＝2"一样简单，随便就能做到，但事实恰恰相反，人们会像中了魔法一样，一遍遍地违反这些原则，一次次碰得遍体鳞伤。

因为我们自以为懂得很多，自以为人类的知识越来越多，能够战胜或突破这些基本原则。是贪欲将我们引向灭亡，一个时代的赢家可能是另一个时代的输家。一些自认为懂得了市场、懂得了生意经的人，被人性的弱点打倒了。我想，这就是我们讲忘记知识、回归禅心的意义。

星云大师：一个弟子非常愚钝，有一次，因为不会诵经，他被师兄责骂了一顿，躲在墙边哭泣。佛陀知道了，就问他为什么哭。"我太笨了，不会诵经。""你做什么工作？""扫地。"佛陀见他老实木讷，就用特殊的方法教育他说："你既然会扫地，从今天起，你每天不要念佛号，也不要诵经文，就念扫帚、扫帚……"

这个弟子从此就念"扫帚、扫帚"，久而久之，他心里也想到一些问题："外面的尘埃，可以用扫帚去扫；心上的烦恼无明，应该用什么来扫呢？"

因为他想到心里的烦恼要去除，所以他心里的般若就慢慢地亮起来。对愚笨的人，就用念"扫帚"这种方法教他，这不就是佛陀的"因材施教"吗？

有时候，一个坏毛病，如果以毒攻毒来治疗，那个毛病反而痊愈得快。一个能干的医生，用砒霜等毒药都能治病。所以，佛教里有一首偈语说：正人行邪法，邪法也成正；邪人行正法，正法也成邪。一个圣者或正人君子，无论什么样的法，甚至风花雪月，都能信手拈来皆成妙谛；如果是邪人，心念不正，就算是圣贤的启示，也可能被扭曲，造成错谬。

长乐先生：这正是"百千法门，同归方寸；河沙妙德，总在心源"，日常生活中的行住坐卧，触目遇缘，细细品味，都是获得智慧的钥匙。书，是我们获得真理的钥匙和途径，但绝不是真理本身，更不是炫耀的资本。这天地就是一本大书，这广阔的人间就是获得真理的道场，真正有智慧的人，能在万事万物中领悟真理，并能不断否定自我、放下所知，这就是真理的获得之路——不断蜕变，从不知到知道，从知道又到不知，然后再到知道。忘记你所知道的，因为追求真理的道路永远没有止境！

短暂而危险的幸福感

星云大师：有一天，仪山禅师洗澡，一个弟子奉命提了凉水来兑，把温度调好之后，便顺手把剩下的水倒掉了。禅师说："你怎么如此浪费？世间任何事物都有它的用处，只是价值大小不同而已。就算是一滴水，如果把它浇到花草树木上，不仅花草树木喜欢，水本身也不会失去它的价值，为什么要白白地浪费呢？虽然是一滴水，但价值无限大。"弟子听后若有所悟，于是将自己的法名改为"滴水"，他就是后来非常受人尊重的滴水和尚。滴水和尚弘法传道，有人问他："请问世间什么功德最大？""滴水！""虚空包容万物，什么可包容虚空？""滴水！"

长乐先生：我理解大师所讲的这个故事，是告诉我们滴水也很珍贵，一花一世界，也可以说一滴水一世界。我们常常希望有奇迹降临，其实奇迹可能就蕴藏在一滴水中。我们常常祈祷自己的人生幸福美满，这种幸福美满可能就开始于一句话、一个动作。怎么改变命运？要从一点点改变开始。

星云大师：人在世间，福报有多少？这是有数量的，即使家财万贯，若福报享尽，也会一无所有。一个人该有多少金钱、多少爱情、多少福寿、多少享用，等于银行存款，浪费开支，终有尽时，故要节用惜福。虽是滴水，但皆不废弃；滴水虽微，但可汇成江海。滴水和尚把心和滴水融在一起，心包太虚，一滴水中也有无尽的时空，这就是悟了。

长乐先生： 我生活在北京，每年有数以万计的人抱着各种梦想拥入这个城市。对他们来说，能有一个北京户口，能买得起五环边上的一套房子，就会兴奋不已。然而，几年以后，这种兴奋就会渐渐消失。当看到很多看似与自己不相上下的人住别墅、开豪车的时候，他们就会对自己住的公寓楼心生不满。于是，他们开始追求更好的住房，并为此承受了各种各样的压力，经历了无数的坎坷。等终于赚到大钱，买了别墅住进去，当看到别人住着更好的别墅、开着更高档的轿车时，他们的满足感又被不平衡所代替。

由此延伸到一块手表、一部手机，任何以满足物欲为前提的幸福感都是短暂而危险的。一代代高科技产品的问世，必将刺激人们更新换代的消费欲。就像苹果手机，本来已经有了第一代，但第二代出来以后，你就对第一代再也不感兴趣，一定要买到第二代，否则就不够时尚、不够新潮，然后是第三代、第四代、第五代……用有限的物质来填补无限的欲望空间，是永远不可能的事情，这只会让我们被欲望牵着鼻子走，如果不控制它、调整它，它会更加张狂，最终将会把我们撕得鲜血淋漓、痛不欲生。

星云大师： 人整天忙碌，为的是生活，为的是此身的温饱，这个"身"是什么？这种问题，一般人是不容易体认得到的。人们辛苦地奔波，饱暖之外，还要求种种物欲的满足。物质可以丰富生活，但也常会枯萎心灵；口腹之欲满足了，但往往闭锁了智慧。人们的日常生活，完全在一种不自觉的意识下被向前推动着。善恶是非的标准，是社会共同的决定，没有个人心智的真正自由。所以，这个时代的人，虽然拥有了前人梦想不到的物质生活，但失去了最宝贵的心灵自我。这或许是这个时代人类的悲剧。

长乐先生： 在过去物资匮乏的年代，没有物，大家就更珍惜人。一个村子里，谁家要收割，大家都去帮忙，因为我们都知道个人力量的渺小，谁都有用得着谁的时候，人情味反而浓。现在社会进步了，物质资源极大地丰富了，人们开始更多地依靠人和物的关系，追求更大容量的电脑、更先进的手机、更高级的汽车，反而不再需要人和人的交流互动，人情味也淡了。这到底是不是一种进步呢？我觉得要辩证地看，人和人的关系，永远应该高于人和物的关系吧！

星云大师：十几年以前，我们一行五人在日本的成田机场出关以后，一直到东京市区，都没有看到一家卖素食的店铺，偶然看到一家自称供应素食餐点的店面，在旁休息观看他们的作料，也都是以鱼、虾熬汤，用葱、蒜调味，原来他们的素食观念与我们不同，只好作罢。

一路行来，已是傍晚时分，大家饥肠辘辘。我提议买面回去自己煮，所有人都附议说好，这时依戒说："我记得再过两条街，有一家店是卖面的。"

这句话真有如大旱望云霓，让大家倍生希望。好不容易走到那里，只见一个中年妇人在柜台里面，前面排了一大票顾客。我们看看招牌，望望老板娘卖的东西，怎么样也不像是卖面的。等待片刻，老板娘看到我们是出家人，立刻合掌弯腰问好，问明原委后，她挥舞着双手，告诉我们："这里没有卖面的店，如果要买面，必须走到对街的后面，然后……"她花了好几分钟为我们解释，我们看看一长队的人龙，觉得很不好意思，问完了就赶快转身寻路。

没想到这回也没找着，我们只得又绕回原来那家店面，只见生意依旧鼎盛。老板娘看到我们空着手再度光临，大声向顾客宣布："对不起！我今天要打烊了，卖到这里为止，害大家久等，请各位明天早来。"

顾客们一哄而散，她将店门关好，亲自带着我们走了15分钟的路，来到一家卖面的店铺前。在这异乡的国度里，窗外寒风习习，我们每个人端着一碗热乎乎的面吃着，心里觉得格外温暖。

长乐先生：异国他乡普普通通的一碗面，却令人如此温暖、如此幸福，可见幸福感与物质的多寡没有充分关系。

幸福感是建立在满足感上的，当满足感消失，幸福感也会随之衰退。每个人都想长寿，不愿意衰老，但长寿就是衰老，衰老是每个人都无法回避的，我们只能乖乖地去接受、去面对。

很多人认为佛教消极、悲观，这都是因为他们不了解佛教。其实，佛教既不过分悲观，也不过分乐观。佛告诉我们，要用正确的眼光去看世界、看人生，诚实地看待，平等地看待，没有必要刻意悲观，也没有必要过分美化。大师说这个时代的人，虽然拥有了前人梦想不到的物质生活，但失去了最宝贵的心灵。我特别同意。所以，我们才要修禅，要自我训练、提升我们的心灵。如果不用这些方法去控制欲望，那我们永远都得不到幸福，因为永远会有超过我们的强人、富人、名人，我们习惯于比较、攀比的心态，怎会找到幸福呢？

星云大师： 悟的能力，就是禅。禅这个神妙的东西，一旦在生活中发挥作用，就活泼自然，不受欲念牵累，让人到处充满生命力，正可以扭转现代人类生活意志的萎靡，帮助人们找到幸福。禅并不是弃置生活上的情趣，确切地说，它超越了这些五欲六尘，在心灵上追求更实在的和谐与寂静。一样的穿衣，一样的吃饭，但心灵的感受不一样——任性逍遥，随缘放旷，但尽凡心，别无圣解。这就像有修行的人问道于赵州禅师，赵州回答他说："吃茶去！"吃饭、洗钵、洒扫，无非是道，若能会得，当下即得解脱，何须另外用功？迷者口念，智者心行，向上一路，凡人和圣人是相通的。

长乐先生： 禅，不是供我们谈论研究的，是改善我们的生活的。有了禅，就有了富有大千的生活，能领略人生的真谛。启功先生活了93岁，一生无儿女，饱经风霜。他生前把卖字画所得的200多万元人民币全捐给了学校，自己却居于陋室。老人去世后，留下了一柜子遗物，人们以为会是一些珍贵字画、文物古董。等柜子一打开，人们傻眼了，那是一柜子儿童玩具。老人曾说过，人生其实没那么复杂，就是找乐子。

不能与自然对立

长乐先生：我每年都会到美国居住一段时间，我有一个很深的感触，就是那里的居民很喜欢大自然，城市里的花园绿地很多，都是免费开放的。人们喜欢的休闲方式也是亲近自然，比如去郊游。

反观中国，我们的城市发展很快，但绿色越来越少。我觉得，钢筋混凝土会让人的心灵变得浮躁、封闭和灰暗。人是动物，亲近自然是我们的本性。离自然越来越远，会让我们变态。

领悟禅，有个自然轻松的方法，就是亲近大自然，从钢筋混凝土的城市里走出去，看看美丽的自然风光。佛教徒的修行之所大多建于名山胜境，处于大自然的怀抱中，故有"天下名山僧占多"之说。即使是北京的寺院，走进去也肯定是"禅房花木深"。《洛阳伽蓝记》形容法云寺"伽蓝之内，花果蔚茂，芳草蔓合，嘉木被庭"，形容凝玄寺"竹柏成林，实是净行息心之所也"。由此可见，佛教热爱大自然，重视自然美育的作用。

星云大师：禅就是自然而然，禅与大自然同在，禅并没有隐藏任何东西。什么是"道"？"云在青天水在瓶""青青翠竹无非般若，郁郁黄花皆是妙谛"。我们生活的地球，大地万物皆是禅机。未悟道前，看山是山，看水是水；悟道后，看山还是山，看水还是水，但前后山水的内容不同了。悟道后的山水景物与我同在，和我一体，任我取用，物我合一，相入无碍，这种禅心是何等的超然。"偶来松树下，高枕石头眠。山中无日月，寒尽不知年""溪声尽是广长舌，山色无非清净身"，随地觅取，都是禅机。一般人误以为禅机深不可测、高不可攀，这是门外看禅的感觉。其实，禅本来就是自家风光，不假外求，自然中到处充斥，俯拾即是。

长乐先生：说有一个生意人，虽然事业做得很大，但日子过得不快乐。他到寺院向法师请教，法师告诉他："我有四个锦囊给你，锦囊上面都编了号码，明天早上起来，你按照号码打开第一个锦囊，依锦囊的指示行事。"他第二天一早醒来，打开第一个锦囊，里面写着"到山上或公园里散步"。既然法师这样指示，他就上山去散步，山顶鸟语花香，让他突然想到，这些年来自己只晓得赚钱，完全不知还有这美好的天地。他开始欣赏周遭美丽的景致，心情顿然喜悦。然后，他打开第二个锦囊，上面写着"微笑、说好话、赞美太太"。回到家，他立刻对太太说："太太，这些年你辛苦了！"太太竟然感动得哭了。他又打开第三个锦囊，里面指示他赞美部下，他如法炮制，带动了整个工厂的气氛。下了班，他依照第四个锦囊的指示来到海边的沙滩上，在沙滩上写下"烦恼"两个字。刚写好，黄昏的潮水涌来，把字冲掉了。他恍然大悟：原来，去去来来，来来去去，一物不滞，才是真正的人生。

星云大师：我觉得这个故事对现在的很多企业家都有帮助。如来不在西天，如来就在身边。禅门有一句诗偈："寻常一样窗前月，才有梅花便不同。"我们都希望拥有快乐的人生，快乐从哪里来呢？快乐从自己的心中创造出来，只要我们愿意睁开眼睛，接纳世界，敞开心胸，散播欢喜，那么，我们望见的窗前月自然会有不同的景致。

长乐先生：庄子说："天地有大美而不言。"自然界的花开叶落、云飞水流、秋月春风、鸟翔鱼游等，本是无意识的、无目的的，但又好像是有意识的、有目的的；本是短暂的，但又是永恒的。

柒

宋朝有一比丘尼作诗云："尽日寻春不见春，芒鞋踏破岭头云。归来笑拈梅花嗅，春在枝头已十分。"她是因为见到梅花而豁然悟道的。

见梅花可以悟道，见桃花当然也可以悟道。古时福州灵云寺里有个志勤禅师，平时苦心参悟，不留心周围事物的变化。一年春天，寺里桃花开得正好，当他走进庭院时，那光彩照人的桃花使他愣住了。他想：桃花开得这样好，往年我怎么不知道呢？这一愣，以前苦心参悟的问题忽然贯通，因而写诗道："三十年来寻剑客，几回落叶又抽枝。自从一见桃花后，直至如今更不疑。"

古时候的香岩禅师，听到扑竹声而悟道，他说："扑竹非他物，纵横不是尘，山河及大地，全露法王身。"

星云大师：宋朝诗人苏东坡和秦少游经常在一起谈学论道。一天，苏东坡和秦少游在吃饭时，正好看到桌上有一只虱子。苏东坡就说："这个地方好脏，竟然有虱子，不知是谁身上的垢秽变成虱子的！"

秦少游一听，马上反驳说："虱子哪里是人身上的垢秽变的？它是人穿的衣服里的棉絮变的。"两人为此争论不休，最后决定第二天去请教佛印了元禅师，以做公断。

苏东坡求胜心切，私下去找佛印禅师，请他务必"帮忙"说虱子是人体的垢秽变的。苏东坡走了以后，秦少游也来找佛印禅师，请他说"虱子是衣服里的棉絮生出来的"。

佛印禅师分别答应了他们，所以苏东坡和秦少游二人都以为自己稳操胜券。

第二天，当三人见面时，佛印禅师说："虱子的头是从人体的垢秽中生出来的，虱子的脚是从衣服的棉絮里长出来的。"

禅师巧妙地做了一次和事佬。有诗云："一树春风有两般，南枝向暖北枝寒。现前一段西来意，一片西飞一片东。"

这首诗告诉我们"物我合一"的道理。外在的山河大地，也就是我们内心的山河大地；外在的大千世界，也就是我们内心的世界。物与我之间，没有分别。我们如果把物、我调和起来，就好比一棵树，虽然接受同样的阳光、空气和水分，但各枝叶有不同的生机，彼此又无碍地共存于同一棵树。

因此，世间的现象尽管千差万别，但在禅的本体上，还是一个。

长乐先生：大师所讲，就是物我一统。佛教认为，人的身体是从大自然中来的，是由地、水、火、风和合而成。"一切地、水是我先身；一切风、火是我本体"。所以，人的本身并不实在，死后还归于大自然。因此，佛家认为，大自然和人本是一体的，而不是对立的。人在"一念不起"之时，就回归了"原始心态"，在这时，没有了时间，没有了空间，他自己便是时间，便是空间。"一念不起"之时，主体完全消失，和大自然融为一体，达到了"天人合一"，这样就进入了"禅意"。

星云大师：但是，今天的人类，是站在自然的对立面的。人类破坏自然界的均衡，把自然生机摧残殆尽，展现在世人眼前的一切，都靠的是人为的机械操纵，因而变得僵化、机械化。这样生活下去，怎能感到和谐，怎能不感到空虚，精神怎会不痛苦呢？

唐朝诗人常建在《题破山寺后禅院》一诗中写道："清晨入古寺，初日照高林。竹径通幽处，禅房花木深。山光悦鸟性，潭影空人心。万籁此俱寂，但余钟磬音。"

人处在如此清幽寂静的大自然中，不但能使性情得到陶冶，而且能使心灵得到净化；而大自然的清幽寂静，也使修禅者容易静虑。静虑，是进入禅的首要条件。禅就如山中的清泉，可以洗涤心灵的尘埃；禅就如天上的白云，可以让你漂流四方，任意逍遥。这才是真自由、真快乐！

万"术"不如一"道"

星云大师：世界上的大部分宗教，最重视的是信仰，而且不可以用怀疑的态度去追觅教义。但是，禅宗在入门时必须首先提起疑情。在禅门，要有大疑才能大悟，若是没有疑情，则等于饱食终日、无所用心，绝不会有开悟的时候。

"父母未生前的本来面目是什么？""万法归一，一归何处？"……这些问题，并不是要学禅的人去找资料写论文，只不过是要提起禅和子的疑情而已。疑情起了以后，进一步要用心去修，所谓迷者枯坐，智者用心。用心是随时随地用全副精神去参，并不是只在打坐时才是用心参禅。这么追本溯源地疑下去、问下去，一直打破砂锅问到底，则豁然大悟。这种开悟的境界能描述吗？很难。我只能告诉大家：如人饮水，冷暖自知。

长乐先生：佛不是用来膜拜的，是用来超越的。怀疑是特别难得的态度，不管是对修行者还是对我们普通人来说，凡事不问几个为什么，怎么能长进？尽信书不如无书，且不说现在还有多少人在读书，单单说真正会读书、会思考的人，又有几个呢？我本人现在每天还在坚持读书，最新的书我都看，很多是在马桶上看完的。我一边看一边思考，有时候觉得书里说得不对，在思考争辩中，自己获得了新知识。

再说做事业，凤凰卫视发展到今天，很多人觉得我们可以守成了，但我觉得不行，我们还要保持疑情精神，强调品牌净化的问题。历史告诉我们，只有2%的企业能做成百年老店。我要求自己不断地向自己发起挑战，不断地质问自己：你是不是代表了中国电视发展的方向？你这个节目今年成功了，明年还能不能成功？你是不是已经做到最好了？

星云大师： 总裁刚才讲的，已经涉及修禅的第三个步骤——身行力学。本来禅是不可说的，禅是言语道断、心行处灭的境界。我今天在这里说了许多许多，已有画蛇添足之嫌。事实上，禅最直接的方式，就是从生活中去实践，从工作事业中去实践，从衣食住行处寻个着落。那么，一屈指，一拂袖，上座下座，无一不是禅。各位，若要再问什么是禅，我告诉你："睡觉去！""干事去！""吃茶去！"懂不懂？不懂！不懂，参！

长乐先生： 智者养神，愚者养身。君子养德，小人养威。生活里的点点滴滴都是修行，知道容易，做起来难，真正身体力行才是真悟了。我的同事来自四面八方，性格不同，经历不同，为人处事的方式也不一样。我发现，沉默的人比争辩的人更有力量，能倾听的人比急着发言的人更有自信。佛教里讲布施，其实，工作、生活中你也可以布施。布施什么？微笑是一种布施，宽容是一种境界。成熟可以是你的人生态度，但千万别鄙视天真，天真也是一种很好的生活方式。最大的布施是什么？不是超越一个人或一件事，而是超越这苦难的世间！

星云大师： 1988年，西来寺有一部分建筑仍在施工中。信徒刘喜妹因为听说西来寺富丽宏伟，有"西方的紫禁城"之称，特地远从台湾前去一睹盛况。那时我刚学会开车，于是邀她一同坐车，前往工地巡视工程。在车上，我告诉她：开车就好像在人生的路上行菩萨道——要布施欢喜，处处为别人着想；要遵守交通规则，不乱闯红灯；要忍耐天候、路况不佳，谦让过路的行人；要集中心志，内禅外定；要有精进力，不怕辛劳；要运用智慧，反应灵敏。唯有实践六度，才能让我们安全地到达目的地。她听了以后十分欢喜，说道："我学佛多年，直到今天听了您一席话，才懂得什么是佛教。"

柒

长乐先生：日本企业家稻盛和夫一生培育了两家世界500强企业，被誉为当代的松下幸之助。稻盛的经营哲学集中为一点，就是"敬天爱人"。

所谓"敬天"，就是按事物的本质规律做事。这里的"天"是指客观规律，也就是事物的本性。所谓"爱人"，就是按人的本性做人。

这里的"爱人"就是"利他"，"利他"是做人的基本出发点，利他者自利。要从"自我本位"转向"他人本位"，以"他人"为主体，自己是服务于他人、辅助于他人的。

对于企业来说，"利他经营"是最重要的原则，这个"他"不单单指的是客户，还包括了员工、社会和利益相关者。一个老板，不要总是想着"我要挣多少钱"，而是要想"我和我的员工们要挣多少钱"，再大一点要想"我们和我的客户如何都获利"，更大一点要想"我要为这个社会创造多少幸福"。

一个企业主如果有了这样的大胸怀，做起事情来就会很不一样。企业是什么？企业不是房子、机器、产品，说白了，企业是由人组成的。在商海中沉浮，在各种艰难、复杂的决策面前，"作为人，何谓正确"不失为一个很简单的判断原则。本性往往是最简单的，是"归零"的，这就是"道"。万"术"不如一"道"，守正于道，真心通天。

星云大师：世间一切都有因果，都有缘起，总裁关于管理的这番观点正是用因果论来认识世界上的事和物，用四摄法来处理人际关系。

什么是四摄法？就是布施摄、爱语摄、利行摄、同事摄。

布施摄，又称为布施摄事、布施随摄方便、惠施、随摄方便。以无所施之心，施授真理与施舍财物。如果有众生乐财，则布施财；如果乐法，则布施法，令众生生起亲爱之心，而依附菩萨受道。爱语摄，又称为能摄方便爱语摄事、爱语摄方便、爱言、爱语。依众生根性而善言慰喻，令起亲爱之心而依附菩萨受道。利行摄，又称为利行摄事、利益摄、令入方便、度方便、利人、利益，指以身、口、意的善行利益众生，令众生生起亲爱之心而接受教法。同事摄，又称为同事摄事、同事随顺方便、随转方便、随顺方便、同利、同行、等利、等与。能够站在众生的立场上，与众生同一苦乐，并且能以慧眼观照众生，给予众生最适宜的教化。

佛教讲四摄法，最终目的是为了度化。总裁所讲所用，不失为把事业做大做强的好法门。

长乐先生： 大道相通。所以，佛教的很多智慧对我们的事业、生活都很有启迪。很多事情，只要换一个角度看，就大不相同。我和同事分享过一个"咬文嚼字"的段子：耳朵听得到的动静是声音，耳朵听不到的动静是声誉；胸膛听得到的声音叫心跳，胸膛听不着的声音叫心情；温度计量得出来的叫温度，温度计量不出来的叫温暖；看得见的自大表情叫傲气，看不见的自尊底线叫傲骨；语言能描述清楚的是意思，语言描述不清楚的是意境；脑袋测得出的东西叫智商，脑袋测不出的东西叫智慧。

到底是声音还是声誉，是温度还是温暖，全看一心。

星云大师： 泽庵宗彭禅师是日本江户初期临济宗大德寺派的高僧。有个商人拿了一幅裸体的仕女画，故意请泽庵宗彭禅师在画上题词。没想到泽庵宗彭禅师不但没有拒绝，还一面欣赏着画中的美女，一面赞叹说："多好的一幅画啊！"随即在画上题字："佛卖法，祖师卖佛，末世之僧卖祖师。有女卖却四尺色身，消安了一切众生的烦恼。色即是空，空即是色。柳绿花红，夜夜明月照清池，心不留亦影不留。"原本想看禅师笑话的商人，见他如此心胸坦荡、磊落自在，反而惭愧不已。

长乐先生： 泽庵宗彭禅师一生提倡"无念无想"的禅风，所以，即使是为一幅裸女画题字，也能自在地题偈"心不留亦影不留"，让不怀好意的人看不成笑话。我觉得，在泽庵宗彭禅师眼中，世间的一切都是虚幻不实的，有如过眼烟云，因此，他的心不会为女色所牵动，更不会产生一丝"念想"，因为他早就泯除人我、净秽、男女等差别妄想，而能自在无碍，立地成佛。我们为什么还是凡人，还觉悟不了？就是因为我们还看不平。去年初春，我到南京看梅花，于鸡鸣寺佛塔下读到一副对联：愿得双手长垂下，看得世间一样平。很棒的对联，很好的启悟，也很难做到。

星云大师： 意识到，比不意识到好。开始做，比不做好。佛并不完整，它也并非终点，它只是途中的一站，开悟是它最终的成就。佛说：自己是自己的救星，除自己外别无救星。佛陀不是主宰者，不是万能者，也不是救世主。如果佛陀万能，凭他的慈悲，早已把他的弟子超升，何必还要修行！观音菩萨挂念珠，人问念谁？

柒
信仰与诚信

观音菩萨说：念观音菩萨。为什么？求人不如求己，各人吃饭各人饱，如人饮水，冷暖自知。

长乐先生：追逐感官声色的刺激而得到享乐，享受一过，反而更让人觉得寂寞空虚。反观禅者，心不随外境所转。所谓"但自无心于万物，何妨万物常围绕"，只要心不被万物牵绊，纵然万物围绕，也依然可以身心清净。命运的改变，首先来自觉悟。希望每一个读者都能在生活中发现禅，早一点悟出生活中的道理，善待生活、善待生命，使我们的人生更加精彩。

捌

爱是生命对另一生命的承诺

能以和蔼之容见人者，必得人和；

能以谦冲之气处人者，必得人尊；

能以恭敬之心待人者，必得人敬；

能以赞美之言和人者，必得人缘。

先平等，才有爱

星云大师：《华严经》讲：一切众生平等。女人占了世界一半以上的人口，女人的角色犹如大地，大地能生长万物、培育万物，女性就像大地之母，生养人类、培育人类，女性是崇高而伟大的。西方国家的人民，将女人视为纯洁、善美、神圣的象征；东方国家的人民，则视女人如魔鬼、蛇蝎、祸水。尤其是在过去的父权社会，女人不能与男人同起同坐，甚至不能自由出门。现代人提倡男女平等，如何才能达到真正的平等？

长乐先生：中国的文言文中，第三人称代词多用"伊"或"他"字，并没有男女性别的区分。直到"五四"新文化运动之时，刘半农先生造了一个"她"字，来承担表示女性第三人称的任务。提起女人，就会联想到柔和、美丽、善良、多愁、脆弱……好像女人不这样就不像女人。说一个女人"不像女人"，多半暗含传统观念里贬义的感觉。

星云大师：平等是宇宙人生的真理，是人间的宗要，也是佛法的根本。"人人皆有佛性"，男女平等必须从"观念的改变"做起。佛陀讲中道、缘起，归纳起来就是平等。佛教所讲的"空""有"之间的关系最能说明平等的意义，"空"未曾空，"有"未曾有，甚至"空"中生妙"有"，有无是平等一如也。佛光山初立就定了"两序平等"的规矩，出家的男女二众上殿、排班，都是分列东西两单，没有谁前谁后；不管是比丘还是比丘尼，都享有同等的权利与义务，没有谁优谁劣。从僧众到信众，四众共有，僧信平等。最近50年来，我还创办了妇女法座会、金刚禅座会等，因此被同道揶揄为"女性工作队的队长"。

长乐先生： 我也有个和大师类似的称呼。因为凤凰卫视的女性特别多，名女人特别多，所以，有媒体说我是"一群成功女性背后的男人"。每一个成功男性的背后，都有一个伟大的女性，所以，我挺乐意当一大群成功女性背后的男人，像吴小莉、闾丘露薇这样的"女大牌"名气越大越好，我自己的名气越小越好。

星云大师： 佛光山的女弟子们也都很争气，著作等身，辩才无碍。有人说，男性刚强有力，女性难以望其项背。但是，女众慈悲柔和，柔能克刚，柔软亦有所长。所谓"从来硬弩弦先断，每见钢刀口易伤"，就拿我们的牙齿和舌头来说，牙齿坚硬，但人老了以后牙齿动摇，终将一颗一颗掉光。但是，人即使到死，柔软的舌头也是存在的。

长乐先生： 柔软的力量有时候比坚硬的力量更难以捉摸。

相传商容是老子的老师，当他生命垂危的时候，老子来到他的床前问候说："老师，您还有什么要教诲弟子的吗？"商容说："我的思想你已完全掌握了，现在我只想问你：人们经过自己的故乡时要下车步行，你知道这是为什么吗？"老子回答说："我想，这大概是表示人们没有忘记故乡水土的养育之恩吧。"商容又问道："走过高大葱翠的古树下，人们总要低头恭谨而行，你知道其中的原因吗？"老子回答说："也许是大家仰慕它生命顽强的缘故吧。"商容张开嘴让老子看，然后说："你看我的舌头还在吗？"老子大惑不解地说："当然还在。"商容又问道："那么，我的牙齿还在吗？"老子说："已全部掉光了。"商容目不转睛地注视着老子说："你明白这是什么道理吗？"老子沉思了一会说："我想，这是刚强的容易过早衰亡，而柔弱的却能长存不坏吧。"商容满意地笑了笑，对他这个杰出的学生说："天下的道理已全部包含在这三件事中了。"

星云大师： 做女人，一定要懂得女人的力量。我看到许多太太抱怨丈夫，恶语相对，你这样教训他真的有实际作用吗？你知不知道世界上的男人心里到底想要什么呢？我觉得世间的男人第一想要的是财富。一个男孩子，从小就受父母的经济控制，有朝一日自己步入社会，首先想要的就是赚钱买汽车、房子，交朋友，获得少女的崇拜。有了钱，就需要有爱情。假如有一个异性朋友，年轻貌美，而且温柔多情，和他一起沉浸在爱河里，人生就更加美好了。有了金钱，有了爱情，并不一定能满足，这时候就希望有名位，因为一个男人没有名位，就如大人物没有座驾。俗话说：大丈夫宁可无钱，也不能无权。有了名位，还要有实权，权势才是男人最想拥有的东西。因此，很多男人"一朝权在手，就把令来行"。男人很容易成为官僚、独裁者，很容易被权势冲昏了头。

长乐先生： 精神分析大师弗洛姆认为，爱是创造爱的能力，爱是一个生命对另一个生命的承诺。没有爱的人，是无法创造爱的。

如果一个女人有爱，那她应该怎样对待自己的男人？

男人很容易成为经济动物、政治动物，爱权、爱钱、爱车、爱美人。女人如果不懂得让他及时在功名利禄的道路上刹车，反而抱怨得到的不够多，早晚会把两人一起送进火坑。这方面的教训够多了。

聪明的女人，总是适度控制男人的野心，在适当的时候让男人回归家庭。因为人最重要的奉献不是金钱和财物，而是活泼的、有情调的生命。一个女人，如果能够给予她喜爱的人以快乐、兴趣、理解、知识与幽默，那她就是一个有力量的人。

美国的科学家发现，六成男人结婚愿望迫切，尤其是30岁以后，会将主要精力放在家庭上。男人年轻时需要通过竞争获得地位、权势和配偶，成熟后则更注重亲密关系和合作。随着年龄的增长、睾丸激素分泌的减少，男人在团队合作方面会变得更优秀。

星云大师： 夫妻结了婚，应该同心同体，两个人的幸福、利益都要照顾到。替自己着想，也要替另一半着想，若你完全不顾念对方，只顾念自己，当然就不

捌

爱是生命对另一生命的承诺

应该结婚，因为你没有结婚的条件。应该时时记住，两个人共同生活，就是要相互体贴、尊重、爱护才行。现在这个社会上有很多男人女人，人格不健全，心态不圆满。世界上无论什么东西，都不能单独存在，都是相互因缘和合才存在的，所以每个人都应该培养爱的因缘，不应该滋生怨恨。

长乐先生：美国加州大学旧金山分校的科学家有一项研究，证明老年男人最怕孤独，而且孤独时，男人比女人更少寻求帮助，进而孤独感会加重，还会损伤大脑。另外，在进化过程中，雄性动物比雌性动物"捍卫既得利益"的意识更强。虽然女人也有占有欲，但男人在爱情生活或势力范围受到威胁时，更可能诉诸暴力，所以，男人比较爱打架，尤其是为了异性。

当然了，生理不能决定全部。有些人，不管是男人还是女人，会随着年龄的增长越来越有魅力、气质。

怎样才能变得有魅力，受人喜欢？首先要明白别人为什么愿意跟你相处，为什么呢？第一，你有用。你能带给人家实用价值。第二，你有料。跟你相处能打开眼界，扩大格局。第三，你有量。你能倾听别人的想法并发表有价值的见解。第四，你有容。你能充分认可别人的价值，欣赏别人的特色。第五，你有趣。你能带给人家愉快的心情，和你在一起不闷。第六，你有心。你懂得用情用心交朋友，人脉必然成金脉，正面能量无限。遇事，知道的不必全说，看到的不可全信，听到的就地消化。筛选、过滤、沉淀，久而久之，你这个人就有气场，能量就会强大，魅力自生。

星云大师：所以，仅仅从生理角度而言，世间男女并不容易平等。但是，人不是简单的动物，男女的真正平等，应在智慧上较量，男人以智慧引起女人的崇敬，女人的智慧也能获得男人的欣赏。如果世间的男人女人都以慧心结合，以慧语相处，就可以以智慧厮守终生。

长乐先生：女人应该有女人的智慧，男人应该有男人的魅力。魅力男人的标准，不是长得如何帅，穿得如何好，出手多阔气，而是有大胸怀、责任感和坚强的毅力。我尤其强调男人应该有坚强的毅力，这大概是我参军和做事业这么多年的感悟。毅力是男人从内在到外表都能体现出来的精彩。当困难与不幸来到你的面前时，你要好好保留你的毅力，扛起事业和家庭的重担。我个人觉得，这才是最经典的男人魅力，这样的男人才是值得依靠的。

星云大师： 各位看过罗汉吗？大觉寺的十八罗汉里有三个女罗汉，都是达摩的徒弟。过去的一些寺院里，只有男罗汉，没有女罗汉。其实，在佛经里，女罗汉是很多的。佛经里讲，男女平等、众生平等、贫富平等。

很多人问我两岸的问题如何解决，我说只有一个字能解决，这个字就是"爱"。

我说，我们大陆要爱台湾，我们台湾也要爱大陆、尊敬大陆。就像男女谈恋爱一样，我们不能用拳头去谈恋爱，我们要送钻石。

促进两岸的和谐，最根本的就是建立爱的社会。

柔也是一种力量

星云大师：世间的每一种东西都是在自我表现。比如，水很柔，但水的冲击力很强。花很娇美、柔弱，这正是花所要表现的力量。小孩子所求不得，以哭闹来争取大人的妥协，哭就是小孩子表现力量的方法。男人西装革履，昂首阔步，以威风来展现力量。女性也要表现力量，女性天生的力量就是美丽。

长乐先生：凤凰卫视的女主播都很美丽，而且她们都很善于运用美丽去感染更多的人。这种美丽不是单纯的天生丽质，也不是后天的装扮修饰，而是一种智慧、能力、品德之美。美女主播吴小莉，最经典的就是她招牌式的微笑。凤凰中文台副台长程鹤麟说，作为女性，小莉既具备了女性的温柔平和与亲切，又绝无交际花的那种嗲劲，是称职的新闻工作者。《鲁豫有约》的主持人陈鲁豫最早担任资讯节目《凤凰早班车》的主持人，以轻松的口语化的"说新闻"方式创造了新一代的主持风格。曾子墨被网友评为最冷静的美女主播，人称"凤凰小辣椒"。何曾看到美女主播出现在战事纷扰之地、疾病严重之区？但是，曾子墨不仅去，而且经常去，她的《社会能见度》节目就曾深入河南"艾滋村"采访。我觉得，她们的美是有生命的、有感召力的，是能带给人温暖、感动和正能量的。

星云大师：也许有人说我长得并不美，不要紧，只要我柔和、细心、勤劳，这些都能表现女性的特质与内涵，重要的是，要懂得表现。就如一个修道的人，他要表现慈悲，慈悲就是力量；他要表现忍耐，忍耐也是力量。我一直都很感念我的外祖母，她真是菩萨慈悲，教我养我，我深刻感受到她的慈爱。我外祖母的一个妹妹出家当比丘尼，她的慈悲真是好像什么东西都能被她融化，再刚强、再凶暴的人，在她面前好像都要低头，都要让她几分。

长乐先生：20岁活青春，30岁活韵味，40岁活智慧，50岁活坦然，60岁活轻松，70岁就成无价之宝。

外国的女人，不管岁数多大，都要化妆、要打扮。我在法国见到70岁的女士还穿着精致时髦的细高跟儿鞋，活像个摩登的妙龄少女。

我觉得，女性一定要有一颗不老的诗心。你有怎样的诗情画意，就会有怎样的卓越风姿，这就是女性的独特力量。女性的力量永远是这个世界上柔软、温暖、韧性持久的一种力量。

老子有段话是对"柔软"这个词最好的诠释，他说："人之生也柔弱，其死也坚强。万物草木之生也柔脆，其死也枯槁。故坚强者死之徒，柔弱者生之徒。"意思是：人活着的时候，身体是柔软的，死了以后身体就变得僵硬了；草木生长时，是柔软脆弱的，死了以后就变得干硬枯槁了。所以，坚强的东西是属于死亡的一类的，柔弱的东西才属于生长的一类，凡是强大的总是处于下位，凡是柔弱的反而居于上位。大师觉得女性之美应该是怎样的？

星云大师：我觉得，像观世音菩萨一样的风仪姿态就是美。所以，女人要在世间表现力量，就要有这种气质、这种姿态、这种慈悲、这种谦和。我想，女性只要能自尊自重、自立自强，慢慢地，在这个时代，在这个社会，必能取得更令人尊敬的地位。

长乐先生：现代社会给了女性更多的机会，很多女性都能找到适合自己的舞台。我今天看微信朋友圈，有一篇名为《现代女性新标准》的文章，挺有意思的。依照当下流行的标准，新时代的中国女性应该"上得了厅堂，下得了厨房，写得了代码，查得出异常，杀得了木马，翻得了围墙，开得起好车，买得起新房，斗得过二奶，打得过流氓"。我觉得这个标准太"女超人"了，不过，这也从另一个角度说明，现在女同胞能干的事情越来越多了。

星云大师：是的，女人能做的事很多，不一定以做人家的老婆为唯一的出路。这个世间不能缺少妇女，没有了妇女，人间就是充满缺陷的世界。妇女要发挥和平柔顺的性情，因为柔性的慈悲没有敌人，所谓伸手不打笑脸人，女人的美丽、善良远胜于男人，女人是男人成功立业的助缘。男人长于理智，女人重于感情；男人偏向刚强，女人普遍温柔。男人遇到困难的事情能勇往直前，但女人的忍耐谦逊能化干戈为玉帛，是男人所不及的。男人富有创造性、冒险性，而女人的随顺、圆融有时可以弥补男人的鲁莽造次，彼此相辅相成。

长乐先生：善良、忍耐、谦逊、温柔、圆融，这些都是中国女性的传统美德。凤凰卫视每年都举行中华小姐环球大赛，这个大赛的特点，一是以世界为背景和舞台，充分展现中华传统之美；二是强调中华文化和传统美德的推广；三是强调内在美和外在美的有机结合。我觉得，我们在通过这个大赛张扬一种中国女性的美，这种美很东方，很有我们中华民族的特点，也是中华民族血脉中特有的。我觉得，我们选出的每一届中华小姐都很能代表大师刚才说的女人的特点。前面我们聊了男人想要什么，现在再说说女人想要什么。大师如何以为？

星云大师：女人也有种种想法，但女人想要的，或许可以简化为"一个男人"。因为有了男人，男人的金钱、爱情、名位、权势，她都能分而享之。只是女人要分享男人的所得，她本身也要具备一些条件，比如美丽、温柔、多情、体贴等，如此，男人才肯把自己拥有的分享给她。假如这个女人的条件不够多、不够好，男人一旦发现有另外的女人比她更好，那么，她从男人身上所分享的一切立刻就会化为乌有。所以，男人的成就建立在自己的雄心壮志上，女人的成就则往往建立在机遇的好坏上。

长乐先生：我记得杨澜曾说过一句关于做女人的感悟的话，讲得蛮好："能够给人带来一种最深刻的幸福体验，其实就两件事：一是个人的成长，二是爱。爱是幸福最重要的一个来源。"没有爱的女人不称为女人，能给别人爱的女人也会被众人爱。

星云大师：现代的妇女尤其应该放开眼光，要有包容世界的心胸，将女性嫉妒、小心眼的习性和缺点渐渐去除，更多地发挥女性的慈悲与智慧。美，也是一种欢喜的感觉，一种内在的德行。女性在家庭中要做观世音菩萨，所谓"千处祈求千处应"，把慈悲、欢喜带给每个人，在每个时期接受不同角色的转换，这就是最美的女性。这正是：能以和蔼之容见人者，必得人和；能以谦冲之气处人者，必得人尊；能以恭敬之心待人者，必得人敬；能以赞美之言和人者，必得人缘。

长乐先生：男人征服世界，女人通过征服男人征服世界。要征服男人，就要看自己有多少爱，有多少暖。男人都是向光动物，都渴望温暖和爱。自己是梧桐，凤凰才会来栖；自己是大海，百川才会来汇聚，花香自有蝶飞来。你只有到了那个层次，才会有相应的圈子。不停追逐，不如停下来让自己变得更好。

最后，我还想提醒各位女性朋友，女性因为独特的生理会面对更多的"麻烦"。前些日子，好莱坞女星安吉丽娜·朱莉因公开自己接受双乳乳腺切除手术而受到广泛关注。她的身体携带致癌基因BRCA1，这令她极有可能患上乳腺癌和卵巢癌，为了预防可能的风险，她提前切除了乳腺。所以，女人从十几岁开始就应该知道如何疼爱自己，不要过早地有性生活，在结婚之后，更要珍爱自己的健康，每年定期体检，树立正确的保养观念，尤其要尽量避免堕胎。

星云大师：佛教认为，胎中婴儿也是一个生命，堕胎是杀生。不过，理上虽如此，但有的妇女堕胎是不得已之举，不是仇恨的杀生，而是为了保全名节，保护自己的安全和未来的形象等。所以，虽然"上天有好生之德"，但堕胎不是法律所能解决，也不是卫道人士所能置喙，最有权决定的是胎儿的母亲。应该尊重母亲的决定，因为她要承受一切后果。

但我要强调，青年男女既然已经未婚先孕有错在前，就不应该堕胎一错再错。正如《大集经》云："爱因缘故，四大和合，精血二滴，合成一滴，大如豆子，名歌罗罗。是歌罗罗有三事，一命二识三暖……息出入者名为寿命，是名风道，不臭不烂是名为暖，是中心意名之为识。"若是在不得已的情况下必须堕胎，则要消冤解结，可以通过行善、忏悔、修持等功德回向。

长乐先生：所谓"家家有本难念的经"，我想，即使是堕胎，也是人人都有苦衷的。尤其是女性，天生要承担更多的生命不能承受之痛。所以，我想送给所有暂时处在人生困境或低谷中的女性朋友一句话：每一个生命都能够度过冬天，走进春天。

幸福婚姻的法门

长乐先生：女人很想知道男人到底想要怎样的女人，我觉得，男人最需要温暖的女人。母亲的唠叨、情人的纠缠、妻子的管制、女儿的娇纵、女友的蛮横、女同事的挑剔，都可能是男人的梦魇。大多数男人渴望女人又暖又软的宽容。有了这种宽容，男人固然会沾沾自喜，但也容易安身立命，可以享受所谓的成就感和与生俱来的孩子气。现在流行野蛮女孩，我想，野蛮女孩肯定也有温暖包容的一面，不计较、不抱怨、肯沟通。

星云大师：总裁讲男人不喜欢抱怨的女人，社会上不满意婚姻、不满意男人的怨妇很多。妇女究竟怨恨一些什么呢？我分析来，一怨丈夫赚钱少。女人持家，常常感觉家用不够，经常在嘴边责怪男人："你没有用，赚那么少钱，还摆什么架子！"这是让男人听了最感泄气的话。二怨丈夫不幽默。有的丈夫每天下班回家，只知喝茶、看报，不会说赞美的话，甚至经常把在公司上班时的不好情绪带回家中，让家里时常笼罩着低气压。这是现代妇女结婚后最感灰心之处。

长乐先生： 即使是世界上最幸福的婚姻，一生中也会有200次离婚的念头和50次掐死对方的想法。现在，很多男人一回家就扎到电脑前打游戏，一直玩到睡觉，老婆叫吃饭才出来吃饭，甚至要老婆把饭送到电脑前。我身边的女同事抱怨老公这事儿的特别多。

星云大师： 三怨丈夫应酬多。一个女人为了家庭每日辛劳，而丈夫整天在外和朋友聚会欢乐，她难免心生怨叹。四怨丈夫不体贴。一个体贴的男人，下班回家后总会主动帮忙做家务，这不仅是体贴太太，也是教育儿女的最好示范。据说某位美国总统下班回家后，总会到厨房帮太太一点小忙。时下的一些大男人，总以为自己赚钱养家很辛苦，因此每天下班回到家茶来伸手，饭来张口。其实，就算经济上不甚富有，只要相处上能多一些体贴，必能使夫妻的感情增进。五怨丈夫不讲理。男人多数有"沙文"心态，只有他有权发号施令，这种专横的丈夫会让妻女受很多委屈。所以，过去胡适之先生提倡"男人要怕老婆才好"。六怨丈夫不规矩。夫妻建立共同的兴趣，在事业上携手同进，在精神上过着有相同信念的生活，不断充实自己的灵性，这样的爱情才能得到保障，这样的家庭才会幸福美满。

长乐先生： 充满灵性的女人，"牺牲"不是她的"圣经"，做"美好的自己"才是她的第一修为。我有两个女儿，我反思自己中国式的教育方式，对于女儿，花木兰讲得多了一点，教她们如何跟男人分割成功版图和事业蛋糕教得挺成功，但怎么做女人，尤其是做个温暖的东方女人，好像教得少了点。

星云大师： 现代的职业女性，白天忙事业，晚上回到家还要包办所有家事，到底公不公平？对于有些男人回家就往沙发上一坐，抽香烟、看电视，我不太认同。优秀的男人，下班应该主动协助太太做家务，比如美国的麦克阿瑟将军、艾森豪威尔总统，他们就经常下厨房帮太太做菜。在澳大利亚，男人协助太太处理家务或当"家庭主夫"，已经是其文化的一部分。所以，一个男人爱护妻子，不应该只是每个月赚多少钱回家，而是应该为家庭带来欢笑、幽默和快乐，把说好话、赞美妻子视为家庭中的重要工作，这是男人应有的责任与气度。

长乐先生： 大师，现代男人会做菜的好像不多。我自己倒是会做，但如果让我天天做，好像也吃不消。

星云大师：偶尔帮太太整理家务，或是下厨做菜、端菜嘛。即使不动手，也要到厨房走几圈，看看太太今天做什么菜，闻闻味道，或者赞美太太今天打扮得很漂亮，说几句好听的话。懂得说好话，我觉得这比赚钱回家更有用。

长乐先生：赞美"另一半"真是幸福婚姻的不二法门。我个人觉得，人若能对配偶的需要有敏锐的洞察力，婚姻必定甜蜜。相反，一个迟钝、不关心配偶欲望与需要的人，要发展亲密的感情就困难重重了。有些人说，我天生就不敏感啊！只要你设身处地地为配偶着想，就一定能感知她的需要，并温暖、细腻地去赞美对方。

星云大师：我讲个趣谈。先生下班回家，太太做了一道清蒸板鸭。先生一看，鸭子只有一条腿，就问太太："鸭子不是两条腿吗，怎么你做的鸭子只有一条腿呢？"太太说："我们家的鸭子都只有一条腿！""我们家的鸭子怎么可能只有一条腿？"太太指着后院正缩起一条腿在休息的鸭子说："你看，不是只有一条腿吗？"先生一看，马上双手拍掌，鸭子听到声音，争先恐后地放下缩起的腿，奋力地用两条腿朝池塘走去了。这时，先生得意地指着鸭子说："谁说我们家的鸭子只有一条腿？"这时，太太对先生说："那是因为有掌声，鸭子才有两条腿啊！"意思就是：我每天烧饭煮菜给你吃，你连一句赞美的话都没有，如果你有掌声、赞美，我就给你两条腿的鸭子吃了。

长乐先生：大师讲的是笑话，不过，的确大多数女性在家庭生活中是很无私、很默默奉献的。我前几天看一档现在很火的亲子节目，爸爸们带孩子独立生活几天，做饭、哄孩子睡觉，结果爸爸们全都手忙脚乱，可见，平时在家里还是妈妈承担的责任重。所以，在夫妻关系上，我提倡男人要多付出一些。

星云大师：想要夫妻关系好，做先生的就要"怕"老婆，这里的"怕"是敬畏的意思。一个敬畏老婆的男人，能够尊重女性，在外不拈花惹草，遵守道德；一个敬畏老婆的男人，在家庭中不计较权力的大小，一切以太太为大，自己为小，将治家的权力交给太太。相反，如果大男子主义，和太太计较权力，那这个家庭必定乌烟瘴气，难以安宁。

捌

爱是生命对另一生命的承诺

长乐先生： 人都有争权的本能，即使是在家庭里，也一定"不是东风压倒了西风，就是西风压倒了东风"。各位先生、女士不要不承认，静下来反思一下你们夫妻之间的争吵，很多时候谁对谁错真的那么重要吗？实际上，你们是在争家庭里的话语权、控制权。男人比女人更好面子，所以在外面，我主张女人要给男人面子。在家里，男人也要给女人面子，毕竟女人在家庭里付出的更多！

星云大师： 著名学者胡适之先生就曾经极力提倡"怕老婆"运动，主张组织"怕老婆"俱乐部，以提高女性在社会上的地位。

长乐先生： 一对夫妇去会朋友，因为一点小事，妻子呵斥起老公来。老公来了牛脾气，头一次把妻子丢在马路上。妻子气得眼泪都快流出来了，只有赌气单刀赴会了。晚上11点，妻子回家了，发现门上贴着一张字条，上面写着："你必须向我道歉！"妻子愤愤地想：我还没找你算账呢！进屋后开灯，发现门后又贴着一张字条，上面写着："或者把我的皮鞋擦亮也行。"妻子骂道："呸！我给你擦个屁！"换鞋时发现，拖鞋上又有一张字条，上面写着："呸，擦个屁！"妻子心中感到有点好笑。妻子去洗漱，口杯上又有一张字条，上面写着："如果你不知道该怎样向我道歉的话，书桌上有提示。"妻子跑到书桌旁，只见桌上有半页纸，上面写着："把背面的话对我大声念两遍就行了。"翻到背面，见上面贴着一张报纸上撕下来的广告，广告词是这样的："做女人，每个月都有几天心烦的日子……"妻子又想笑了，气也消了一半。洗漱完后，妻子上床，见老公扭头睡着了，她打开床头灯，想看几页书再睡。打开书，里面又有一张字条，上面写着："我知道你心里已经很难过了，觉得对不住我，有点难过就行了，不必太自责。其实，我也该检讨，要不是我发现马路对面朋友们正想看我的笑话，我是不会跟你作对的。男人嘛，除了在外人面前要点面子外，谁会没事跟自己的老婆过不去呀！"

妻子心里一阵发热，觉得自己是有点过分了，对不住老公，便双手抱住他的头，扳过脸来，发现老公脸颊上还写着两个大字："亲我！"

星云大师： 想要夫妻关系好，第二个法门就是做先生的钱包里不放钱，一切钱财交给妻子处理。夫妻要彼此不计较，认为自己的先生或太太是最负责任、最善理家的人，减少家庭的纠纷，让做先生的从责任感中建立自己的风格。第三，夫妻要彼此保有自我空间，尤其是女性，不能失去自我。每个人的生活都要有空间，空间是靠自己创造的。所谓"室雅何须大，花香不在多"，过去的女人，她们的空间就是家庭，现代的女人可以读书，可以把身心安住在书本上。佛光山的法堂书记室，我替它起了一个名字，叫"法同舍"，意思就是天天在这里研究佛法，佛法就是我的房子，我住在佛法里，以法为家。有信仰的人，信仰就是你的房子；你经常诵经，经书就是你的房子。有的人说我感受不到，那你可以走出去，旅行、社交、度假，扩充自我的空间。

长乐先生： 适当地走出去是为了让自己的家更美好、更稳定。有些心结自己一个人憋在家里想，越想越容易产生自怨自艾的苦命思想。走出去，和朋友聊聊，看看美好的风景，说不定就缓解了。我特别教育我的女儿，一定要有一个兴趣爱好，这个兴趣爱好应该是你一生的好朋友。美好的兴趣会带你认识一群美好的人、一个美丽的新世界。

星云大师： 正是，妇女结婚后不一定以倚靠家庭、丈夫、儿女为唯一的乐趣，要靠自己的慈悲与智慧来充实自我的内涵，从读书、写作、歌唱、绘画、插花、烹饪中，从从事地方公益、到医院当义工等服务奉献中开拓自己的生活空间，丰富自己的心灵世界。

长乐先生： 有自己的空间，婚姻就会更加稳定。女性总是比男性更担心婚姻的稳定性。我觉得，现代社会，女性在经济上已经独立，实在到了要离婚的地步，也不过"今生缘尽，我还好，你也多保重"。只要双方理智处理，怎样的人生都不是缺憾。

星云大师： 在佛教经典里，有指导男性如何为人丈夫的《佛说善生经》和指导女性如何为人妻子的《佛说玉耶女经》，它们都告诉我们：男人懂得爱护妻子才可名为男人，女人知道敬重丈夫才可名为女人。妻子要身兼母妇、臣妇、婢妇、夫妇、妹妇之职，要把丈夫当成孩子一样疼爱，当成君王一样敬重，当成主人一样顺从，当成兄妹一样提携。丈夫要如君子般怜惜妻子，如英雄般保护妻子，如劳工般为妻子服务，如禅者般给家庭带来欢笑幽默，要实际负起养活家庭的责任。佛教并不赞成离婚，但是，如果到了水火难容的地步，也要好聚好散，毕竟人和人之间，适性者同居。如果人心、人情到了水火难容的地步，那就让它水归水，火归火，勉强在一起，不如好聚好散。

待人好，才能有空间

星云大师：一位禅师把寺庙建在道观的边上，道观里的道士很不高兴，他有神通，时而呼风，时而唤雨，把寺庙里年轻的沙弥吓走了。但禅师如如不动，赶不走。结果，道士把道观搬走了。有人问禅师，用什么办法把道士赶走了。他说，我没有神通，没有法术，只有一个"无"字。"无"就是"不动"。无心不是没有心，而是好像镜子一样，你是什么样子，它就还给你什么样子，它不分别。把心修养到最后，世间万象能在心中原原本本地呈现，这也是智慧。

婆媳问题也是如此，我在《佛光菜根谭》里写过"四等婆媳"：一等婆媳，如母女般的亲密；二等婆媳，如朋友般的尊重；三等婆媳，如君臣般的严肃；劣等婆媳，如冤家般的相聚。婆媳之间的关系如同跳探戈，你进我退，我退你进。人与人之间，只要我待他人好，他人就会把我当成亲人一样。人家嫌你、怪你，就是因为你待人不够周到。所以，待人好才能增加人我之间的空间。婆媳之道，更是如此。

长乐先生：婆媳的相处之道，的确是个难题。人们常说，两个天敌中间夹一个双重角色的男人。

婆婆说媳妇，人家没吃过你的奶，身上没流着你的血，想让她如儿子那般孝敬听话，难上加难。

媳妇说婆婆，把心掏出来给她，她也不会把你当亲闺女。她看见儿子和看见媳妇，脸上的表情不一样，说话的声调也不一样，怎能让人没想法？

我觉得，非要让婆媳之间亲如母女，这个要求有点高，也不太现实。如果能做到下面几点，可能就会处好关系。

一是脸要好看。正如大师所说，又要把心修炼到"不动"的境界，脸上就会有慈悲的光芒。事事都想争个你高我低，都想表现出"我比你聪明"，脸就不会好看，甚至还会有凶相，婆媳关系当然处不好了。

二是话要好听。俗话说，歪嘴骡子只能卖个驴价钱。话不好听，你在别人眼里就会掉价。有的媳妇说，我每天让婆婆吃好穿好，可她就是不高兴。你不妨试试说点她喜欢听的"甜言蜜语"，一定比你苦着脸累死累活地干活效果好。

三是充分尊重。尊重不是害怕和畏惧，也不是为了支配和占有，而是深入了解一个人的愿望。尊重人，就是要给别人空间，让他按自己的意愿和个性去生活。一说尊重别人，有人就认为这样做降低了自己的身份，失了自己的尊严。其实，尊严是通过尊重他人甚至是尊重对手得到的。

星云大师：婆媳问题是现代家庭普遍存在的隐忧。其实，你把心定在道德上、学问上、慈悲上，做好事、说好话、存好心，久了以后，生出的就是般若心，就是慈悲心，就是忍耐心。

长乐先生：企业里也有"婆媳关系"——董事长和总经理就是一对"婆媳"。很多能干的经理人走马上任，干得风风火火，不可谓不尽心，但最后还是被董事会炒了，为什么？你千万别觉得自己委屈，因为你没处理好"婆媳关系"。在家里，媳妇理应管事，但你是替谁管事？千万别忘记：你要向婆婆汇报！我举个《红楼梦》里的例子。王熙凤在秦可卿葬礼期间帮着贾珍、尤氏两口子管家，王熙凤多能干啊，事事处理得井井有条。但是不管多忙，她都记得每天中午命人亲手烹制爽口精致的小菜，去送给贾珍、尤氏，并命人在一旁劝食。你瞧，王熙凤就是个好总经理，既能把日常杂事管得井然有序，又能让董事长知道我心里时时

捌

爱是生命对另一生命的承诺

牵挂着你、关心着你。如此"媳妇"，真的玲珑！

星云大师： 端午节到了，婆婆叫媳妇包粽子。现代媳妇不会包粽子，但婆婆的话不能不听，从清晨包到下午，好不容易包好了。在煮粽子的时候，媳妇听到婆婆打电话给她出嫁的女儿，叫女儿赶快回来吃粽子。媳妇非常生气，心里不住地嘀咕：你一点都不关心我的辛苦，现在粽子快煮好了，你就叫你的女儿回来吃粽子。因为心里不平，越想越气，媳妇把围裙一甩，换了件衣服就想跑回娘家。正要出门，电话铃响了，原来是娘家的妈妈打电话来说："女儿呀，妈妈今天叫你嫂嫂包了粽子，你赶快回来吃粽子哦！"媳妇听了一愣，随即感觉到，原来天下的母亲都是一样的！

我想，婆媳关系大概是家庭生活中最微妙的关系。若以婆婆的角度来说，她可能因为会感觉自己的儿子被外人抢走而有所失落，加上媳妇不懂谦让，不知体谅，所以她打从心里就讨厌这个过门的媳妇。

好婆婆要记得当初做媳妇的难堪，所谓"己所不欲，勿施于人"，不要把过去所受的待遇用来对待自己的儿媳妇，如此一代一代地报复下去，因果循环，终不是办法。我记得自己青少年时所受的打骂教育，虽然受尽种种无理的委屈和虐待，但至今回想起来，我感到很幸福，因为我受得起，我不以为苦。

长乐先生： 只是遗憾时下的青年并不是人人都能如此，现在更讲个性，年轻人谁都不愿意委屈自己，所以家庭生活中难免有冲突。如果婆媳正好性情相同，那真是太幸运了，这样两个人就更容易凑到一起，变得更加亲近，这样的婆媳关系可以说是非常难得的。如果性情没那么投缘，年轻的媳妇过门后，首先不要刻意去表现，不要使劲"表现"对婆婆好，本着真诚的原则处理事情就可以，别大动干戈破坏了整个家庭的生态平衡。其次，我觉得，小气是婆媳相处不好的主要原因。婆媳相处，最忌讳的就是把对方当作外人，从而胡乱猜疑和指责。如果能在心理上把对方当作一家人，自然就能把大事化小、小事化了了。健康的婆媳关系往往需要双方都大度一些，这样才能使整个家庭都处在一种和谐的环境中。最后，儿子是连接婆婆和媳妇的纽带，因此，在处理婆媳关系的过程中，儿子的作用是非常重要的。

星云大师：男人既是儿子的角色，也是丈夫的角色，他当然希望同时获得母亲与太太这两个女人的关爱。我认为婆媳之间应该先学会认知、体谅与同情，并且要有方法、要交流、要沟通。为人媳妇要懂得尊重婆婆，了解婆婆的心理，并鼓励丈夫对婆婆多些照顾，让婆婆不至于有失落感，这样丈夫便不会因为夹在两个女人之间而难做人，自然就会更加爱老婆。假如婆婆也把媳妇当女儿看待，教导儿子要爱老婆，媳妇看到婆婆这么开明，也会恭敬这个长者。总之，婆媳之间互相体谅，问题就容易解决。

长乐先生：我来给媳妇们一点箴言：第一，婆婆不是你亲妈，不要指望她对你比对自己的孩子更好；第二，不要试图挑战婆婆和丈夫的关系，他们的关系肯定比你想的要紧密；第三，对婆婆要如同对师长，如果需要指出婆婆的错误，试着想想你会如何指出师长的错误；第四，尽量去理解人性，而不是非黑即白，不要试图扩大冲突矛盾。

人和人相处是有诀窍的。与老人沟通，不要忘了他的自尊；与男人沟通，不要忘了他的面子；与女人沟通，不要忘了她的情绪；与上级沟通，不要忘了他的尊严；与年轻人沟通，不要忘了他的直接；与儿童沟通，不要忘了他的天真。一种态度走天下，必然处处碰壁；因地制宜，因人而异，多多感恩，才能四海通达。

星云大师：朱家骏原本是军队里的通信官，为宜兰救国团编辑刊物时，我发现他具有优秀的编辑才华，便请他为我编辑《今日佛教》与《觉世旬刊》。由于他的版面设计新颖，标题引人入胜、不落窠臼，因此他被《幼狮》杂志网罗，得以发挥他的才干。在当年台湾的杂志界，可说无有出其右者，他对编辑艺术的改进有卓著的影响。

记得他每次到雷音寺为我编辑杂志时，我总是预先将糨糊、剪刀、文具、稿纸等准备妥当，并将它们井井有条地放在书桌上，甚至晚上睡觉的枕头、被单，也都新洗、新烫，干净整齐地叠在床铺上。他经常工作到深更半夜，我都是在一旁陪伴，并且为他下面、泡牛奶、准备点心。他常对我说："师父，您先去休息吧！"但我还是坚持等他完工，才放心回寮。遇有寒流来袭，我怕他着凉，每次都将自己仅有的一床毛毯拿给他盖。

记得当年有些人知道我对他如此关爱，惊讶地问我："您是师父，怎么倒像侍者一样对待弟子呢？"

我答道："他如此卖力地为佛教奉献所长，对于这样的弟子，我怎么能不做一个慈悲的师父呢？"

长乐先生： 说有一个人到寺院拜佛，看见年轻的和尚不停地在命令一个年长的和尚做事，忍不住好奇地问老和尚："他是你什么人？怎么总是叫你做这做那的呢？"老和尚说："他是我徒弟呀！我有这样能干的徒弟，是我的福气。平时寺里的一切都是他在计划，我不过帮忙倒倒茶、拖拖地，省了我很多辛苦呢！"信徒再问："不知你们是老的大，还是小的大？"老和尚说："当然是老的大，但小的有用呀！"

佛陀告诉我们："未成佛法，先结人缘。"在人生的旅途上，有的人碰到困难就会有贵人适时相助，这都是因为曾经结缘的缘故，所以今日结缘就是来日患难与共的准备，"结缘"实在是最有保障的投资。师父为弟子服务又如何？婆婆为媳妇服务又如何？好人缘能化解嫌隙，平日抱持"结缘"不"结怨"的态度，待时机成熟时，一定可获得对方的好因好缘。

人是依靠因缘而生存在这个世界上的，一个人的力量是单薄的，应该多多广结善缘，因缘愈多，成就愈大。结缘，使我们的人生更宽广，前途更平坦；积德结缘，才是人生的根源。

情不重，不生娑婆

星云大师：常常听到有人提出这样的问题：人类从何处而来？佛经里告诉我们：人是从爱中来的！经上说，爱不重，不生娑婆，又称我们人类是"有情众生"。人是有情感有情爱的生命，爱，是生命的根源。

长乐先生：所谓缘分，就是遇见了该遇见的人；所谓福分，就是能和有缘人共享人生的悲欢。缘在惜缘，缘去随缘。所有生命，都源自一段充满活力的爱情故事。怀孕，看似人类最为简单的任务，却是最为复杂神秘的系统工程，因为怀孕的过程充满着神秘莫测，蕴含着很多连目前的现代科技也无法解读的奥妙。爱是上天赐给人类的独有的妙药，很多问题因为它而不再成为问题。同时，它也是一味毒药，很多问题因它而起。

星云大师：爱情是维系人间社会的一股力量。人既然是由爱而生，就不能离开爱。佛教不反对正当的男女之爱、夫妻之情。但爱也有不正当的，不正当的爱，爱得昏了头、乱了方寸、迷失了方向，不知天高地厚，再怎么美好、浪漫，都会出问题。有了慈悲，若能再有智能为导，则在爱情的路上，必能慎选绿灯通行。否则，"爱河千尺浪，苦海万重波"，稍有不慎，必然沉沦苦海。

长乐先生：现在我们在媒体上常常看到一些触目惊心的社会新闻，情爱的结果不是毁容就是毒杀。相爱中的男女，爱恨交织并不鲜见，因爱生恨也不偶然，正所谓"爱之深，恨之切"吧！但是，仔细看，自杀或是杀人的根本原因还在于爱的缺乏。生命尊重应从爱开始，爱是解决人类所有问题的根源。为情爱伤人、自杀等，都是不懂爱的表现。

星云大师：我看到这许多丑陋的事情发生了，总不禁慨叹：唉！众生实在不懂得情爱。所谓情爱，我们姑且不讲牺牲、奉献，至少彼此不能伤害对方。

《战国策》里乐毅说了一句话："臣闻古之君子，交绝不出恶声；忠臣之去也，不洁其名。"意思是说：君子与人绝交了，不说对方的坏话；忠贞之臣离开了国家，亦不解释自己的高洁之名。

同样，有情人能成眷属，固然很好，如果不能，也要像君子一样好聚好散，不必翻脸成仇。一旦情感破裂了，彼此和和气气地离开，对自己曾经那么热爱的人，充满仇恨地丑化他、伤害他，甚至摧残他，这又是何苦呢？

长乐先生：自古情殇最难解。"爱"与"恨"是一对难兄难弟，几乎是形影不离的。爱得不好，会成为恨。大师说众生不懂得情爱，佛教里对情爱的解读是怎样的呢？

星云大师：有的爱是"染污"的爱，有的爱是"纯洁"的爱，有的爱是"占有"的爱，有的爱是"奉献"的爱。"爱"究竟像什么呢？从坏的方面说，爱如绳子，会束缚住我们，使我们的身心不得自由；爱似枷锁，会困锁住我们，使我们片刻不得安宁。爱有时如盲者，使我们陷身黑暗而浑然不知；爱又像刀口上的蜜糖，为了贪尝那一点点甜味，我们可能有破舌丧命的危险；爱更像苦海，所谓"爱河千尺浪，苦海万重波"，它可以使我们在苦海里倾覆灭顶。

长乐先生：爱情是人类情感中最复杂、最微妙的一种情感。作为一个过来人，我觉得真正的爱情既不是柏拉图式的"精神之恋",也不是纯粹的异性间的生理吸引。英国哲学家罗素说:爱情源于性,又高于性。爱情不仅源于两性间的自然吸引,更重要的,它是社会性情感生活的产物和要求,是物质和意识的辩证体,这个辩证体是深刻的、有生命力的。

星云大师:感情虽然微妙,却是可以驾驭的。一要用智慧来领导感情。有句名言是这样说的:用感情生活的人,生命是悲剧;用思想生活的人,生命是喜剧。

短暂冲动的感情令人盲目,一味滥用的感情不能长久。所以,人要经常自我反省:应该这样爱吗?是动之以情吗?爱得正当吗?

二要用正派来净化感情。情感得当,可以成就美事;用情逾矩,则可致偏邪。正派的感情,光明善良,引导人不断上进;邪恶的感情,只以自己的利益为出发点,掺杂爱恨情仇的情绪,恐怕就要招致祸害了。三要用无私来奉献感情。许多恋爱中的男女到最后感情出问题,原因就在于自私。只有出于无私、奉献,不是占有,不是欺骗,我为你好,你为我好,不计较、不比较,彼此信任,感情才能走得长远、显得高贵。四要用慈悲来升华感情。感情就是爱,爱往往有局限,因此要用慈悲来升华感情。要学习把对一个人的爱延伸到对家庭的爱,由对家庭的爱推及为对社会的爱,由对社会的爱扩大为对全人类的爱。

长乐先生:不是只有男女的情爱才叫作"谈情说爱"。其实,父母子女之间的亲情、朋友之间的友情、同胞之情都是情爱。爱的世界很广阔,我们不仅爱人类社会,比如爱父母、爱朋友、爱国家等,我们也爱植物,比如陶渊明爱菊花,周敦颐爱莲花。还有人喜欢动物,养猫、养狗、赛鸽。甚至有人喜欢矿物,收集各种奇石异物赏玩,更有人集邮、集火柴盒。爱慕有情众生固然是情爱,喜爱无情的草木也是情爱。

星云大师:我们应该有"爱而知其恶,憎而知其善"的认识,才能真正发挥爱的作用。人生如何才能获得幸福呢?要以责人之心责己,以爱己之心爱人,不怨天尤人,必能为大众所爱戴,为社会所接纳。世间的痛苦和快乐不操控在别人手里,而掌握在我们自己手中,我们是自己幸福的决定者。我们若以爱心来看世界,那么这个世界到处充满了爱;我们若以愤懑的眼光来看世界,那么这个世界就是怒火焚烧的地狱。因此，古人说："祸福无门，唯人自招。"

长乐先生：爱情是人生的必修课，它可以教会我们如何与人相处，如何把握感情。有首老歌唱得好：命里有时终须有，命里无时莫强求。随缘随分应该是把握感情最正确的心态。

其实，随缘是一种进取。何谓随？随不是跟随，是顺其自然，不怨恨，不躁进，不过度，不强求；随不是随便，是把握机缘，不悲观，不刻板，不慌乱。缘在惜缘，缘去随缘。

生活就是一种妥协、一种忍让、一种迁就，任何时候都需要我们审时度势，适宜而为。人生的苦乐，取决于自己的内心。以美好的心，欣赏周遭的事物；以真诚的心，对待每一个人；以负责的心，做好分内的事；以谦虚的心，检讨自己的错误；以不变的心，坚持正确的理念；以宽阔的心，包容对不起你的人；以感恩的心，感谢所拥有的；以平常的心，接受已发生的事实；以放下的心，面对最难的割舍。

星云大师：《大乘起信论》是我最喜爱的佛教经论之一，我曾经五次研读，三次讲说，深感"随缘不变，不变随缘"是为人处世的最好性格。

数年前的春天，我到荷兰弘法，信徒一定要带我去公园亲睹当地的繁花异卉，在不忍拂意下，我随缘同往，万紫千红展现眼前，的确美不胜收。我回想过去曾经参观过的法国巴黎罗浮宫、大英帝国博物馆、莫斯科红场、埃及金字塔……这些不同时代、不同地点的建筑，在美的意境上或有差异，但美的价值是亘古不变的。偈云："百花丛里过，片叶不沾身。"任沧海桑田幻化无常，只要我们拥有一颗不变的佛心，春城何处不飞花？

曾有信徒问我："为什么佛光山的别分院总是建在KTV、卡拉OK、理容院、夜总会的上面呢？"我笑着说："因为天堂在上，地狱在下。"多少年来，这些道场有如红尘中的净莲，不知为多少都会居民种下得度因缘。

20多年前，慈庄、慈惠、慈容等赴日留学，临别时，我告诫他们："尽可以随顺日本的佛教习俗，但中国佛教的僧装、素食乃至礼仪绝不能改变。"后来，他们不负众望，全身而返，载誉归国，并且赢得日本人的一致尊重。30多年前，我派遣心平、心定到台北学习焰口佛事，言明三个月为期，不料一个月不到，他们即学成回山。有人问："为什么不在台北多留些时日？"他们回答："当地信徒的佛事供养十分丰厚，生怕长此以往，断志丧节，所以决定速归，效命常住。"我常主张：佛教徒要化导社会，但不为社会所化。他们可说已深得"随缘不变"的三昧了！

反观社会上有些人因为一味随缘而失去宗旨，结果随波逐流，沉沦苦海，无法自拔；有些人则太过坚持原则，不能融通，反成执着，不但丧失人缘，也使事业的发展受到阻碍。所以，唯有掌握"随缘不变"的方针，对感情不执不舍，对五欲不贪不拒，我们才能拥有和谐的人生。

长乐先生：一个朋友的儿子到我家做客，聊天的时候，他很苦恼地说："我现在喜欢一个女孩，用尽一切办法对她好。请她吃饭或看电影，她也去了；送她礼物，她也收了，但她什么也没回报我，我现在搞不清楚她到底是不是喜欢我。"

我问他："你希望她回报你什么？""我希望她也爱我啊！"我告诉他："你这样也许永远得不到她的爱。爱情不是交换，不是你请我吃饭，我就要给你一个吻；不是你送我一份礼物，我也要给你一个惊喜。那是游戏，不是爱。"

男孩子很疑惑，又问："那您的意思是让我不顾一切地去付出吗？"我说："也不是。真正的爱是希望对方幸福，不是从自己的欲望出发要求对方如何如何，连期待对方如何如何都是不对的。真正好的爱情关系是彼此理解、共同成长，只有一方投入而另一方不投入的爱情关系是不能长久的。"

男孩子沉默了一下，又问我："那我现在应该怎么做呢？"我说："先看看你自己的心，是不是真的爱她，真的希望她幸福，而不是一味地想你想要什么。然后再看看她想要的幸福是什么，如果你们俩的期待很一致，不妨大胆一试！"

星云大师：有个女生到佛光山找我，神情沮丧。我问她发生了什么事，她很伤心地说："那个人太坏了。"语未毕，泣不成声。我劝她先不要激动，有什么话慢慢说。她抽噎着说："我在市政府机关里服务，有个男同事很爱我，我们相爱有一段时间了。后来，他的太太知道了，希望我和她的先生断绝来往，但我不能没有对方。我曾要求对方和我结婚，但他放不下妻子、儿女。既然不能和我结婚，为什么要玩弄我的感情呢？我觉得世间太不公平了，人心太虚伪了！"

感情的发生是身不由己、无可奈何的事，但如果只知道责怪他人、埋怨社会，而不知自我检讨，人生怎么能幸福呢？

长乐先生：不论种族、年龄或地位，男人、女人都会骗人。我看过美国的一项调查，32%的男性和20%的女性承认自己曾在婚后不忠。蒂尔堡大学的助理教授拉默·乔里斯在一次研究中发现：一个人，权力越大，越有可能骗人。权力越大，人越自信。研究还发现，男性和女性在这一点上没有太大的差别。女人和男人一样，会有欺骗的欲望。有趣的是，研究还发现，大学里的男生和女生，即便只是短期内获得一定的权力感，也可能会和一个陌生的异性调情。

星云大师：人，是由情爱而生的，情爱助长了人生，也困扰了人生。在一个家庭里，假如丈夫发生了婚外情，做太太的一般有两种情形：一是痛苦，自我折磨；二是不甘愿，甚至产生报复心理。记得四十几年前，雷音寺举办佛七法会，有一位太太几乎每年都会参加。有一年佛七的时候，她又来了，见了我就一把鼻涕一把泪地哭着说她险些就不能来参加佛七了。我问她为什么。她说因为丈夫金屋藏娇。我看她哭得很伤心，就说我有办法挽回你们的婚姻。她一听，追问我是什么办法。我告诉她，你的先生平时回到家里，你怪他对你不够好，但他到了"狐狸精"那里，"狐狸精"对他千娇百媚，他把"狐狸精"那里当作天堂，当然流连忘返。如果你改变态度，赞美他、体贴他，明知他要去跟"狐狸精"相会，还故意拿钱给他，替他拿鞋子、换衣服，慢慢地，他就会回心转意。你要用爱才能赢得爱，如果你怨恨，只会加速你们感情的破裂。

长乐先生：大师讲得有理，用爱才能赢得爱。有权势的男人往往压力比较大，要在高度的压力下有良好的表现，他需要肾上腺激素的不断冲击，一次艳遇，就可以给他提供这样的强烈感觉。加上艳遇对象的"千娇百媚"，婚外情也就不足为奇。

星云大师：异性相爱，是很难得的因缘，千辛万苦才结成良缘。夫妻任何一方发生了婚外情，从此因缘果报纠缠，难以清楚。造成婚外情的原因，往往是第三者的加入。其实，除了第三者，男女双方就没有责任吗？总之，不能让对方满足最容易发生婚外情。尤其是现在的社会，色情充斥，不知破坏了多少家庭，如《四十二章经》所说："财色之于人，譬如小儿贪刀，刃之蜜甜，不足一食之美，然有截舌之患也。""爱欲之于人，犹执炬火逆风而行，愚者不释炬，必有烧手之患。"

长乐先生：防小三如防贼，并不能完全杜绝婚外情。不管是男性出轨还是女性出轨，留住心才是唯一正途。与其眼睛朝外，练就私家侦探的本事，不如全神贯注于自己的家庭生活，提高自己的婚姻质量。婚姻也如花朵，美丽的、芳香的花朵自然留得住人，留得住心。与其费劲去摧毁别的花朵，不如浇灌自家的田。

星云大师：女人要让男人吃得好，留住男人的胃，自然能虏获男人的心。当然，做丈夫的也要赞美太太，平时买点布料或化妆品等送给太太。女人如果不会烹调、不会赞美，最好不要结婚。我们常说夫妻是对方的"另外一半"，你嫁的另外一半要的是什么？无非是要你爱他，要你对他好，你都不会赞美，怎么好得起来？因此，不会笑的要学习笑，不会说话的要学习说话，没有表情的要学习有表情。这个世界是个有色彩的世界，是个有笑容的、有音声的世界，要多多赞美！

玖 老实人多幸福

历史学家何兆武先生已经94岁了，他年轻的时候说："幸福是圣洁，是日高日远的觉悟，是不断地拷问与扬弃，是一种通过苦恼的欢欣，而不是简单的信仰。"现在，再问他人生的意义，他说：

"我快死了，不考虑这个问题。人生不过是自然界的事实，跟其他的动植物一样，其他动植物并不考虑我的意义是什么。"

你为何不幸福？

长乐先生：央视有段时间搞了个街头采访，问来来往往的路人："你幸福吗？"回答可谓是五花八门。问人们是不是幸福，其实已经说明我们的幸福指数出了问题。为什么"不幸福""不安全"已经成为现在很多人的口头禅？为什么生活水平提高了，但我们所期待的幸福并没有像预期的那样自动降临？当每个人都觉得自己走得不够快的时候，是不是我们已经走得太快？当我们在物质幸福的道路上狂奔的时候，我们手里是不是拿着一张错误的幸福地图，跑得越快就错得越离谱？如果把人生比作一趟追求幸福的探索之旅，大师觉得什么样的路才是幸福的正途？

星云大师：总裁刚才讲，我们手里是不是拿着一张错误的幸福地图，幸福到底在哪里？我想，所有把"焦虑""抑郁""不安全"等作为口头禅的朋友，你们的幸福地图拿倒了。幸福不在追求物质满足的路上，幸福在我们心里。与人为善，诸事往好处想，心有满足，这就是幸福。心好，身体就跟着好；心不好，身体就不好，就不会有幸福感。

玖

老实人多幸福

长乐先生： 无独有偶。2009年，英国举行了一次"谁是最幸福的人"的征文比赛，收到全世界100多万篇来稿。最后，评委选出了四个"最幸福"的人：成功完成一例手术的外科医生、在沙滩上堆城堡的儿童、给婴儿洗澡的母亲、与心爱的人走上红地毯的新人。

以世间的眼光看，这四个人都非常幸福。但是，如果我们深入分析，他们真的幸福吗？答案就不一定了。儿童在沙滩上玩耍时，沙滩城堡若一下被海浪吞没，他的幸福还在吗？给宝宝洗澡的母亲，如果孩子长大后不孝顺，她难道不痛苦吗？医生这次的手术非常成功，下次万一失败了呢？跟心爱的人步入婚姻殿堂后，生活会事事尽如人意吗？

星云大师： 明朝金碧峰禅师淡泊一切身外之物，唯对皇帝所赐的钵特别珍藏。阎罗王发现禅师阳寿已尽，就派小鬼前往。小鬼看到禅师肉身，因禅师心识已入定，无法勾魂，就在禅师珍藏的钵上敲了三下。禅师果然心念一动，出定了。可见，就算是得道的禅师，如果被物质所牵累，也是会心神动摇的。心神一动，自然就被敌人抓住了弱点。

怎样才能看得破？有一天，心向自己提出抗议说："你每天清晨起床，我就为你睁开眼睛，观看浮生百态；你想穿衣，我就为你穿衣避寒；你想漱洗沐浴，我就为你净身，甚至大小便溺，我都毫无怨尤地帮助你。我们的关系如同唇齿一般密切，凡事你应该和我有个商量。但是，一旦要学道，你就背着个臭皮囊东奔西跑，忙忙碌碌地向外攀缘寻找，而不知道反求于我。其实，你要追寻的道不在其他地方，就在自己心中啊！"

长乐先生： 大师刚刚讲的三个字最关键——看得破。佛教中讲，万法是无常的，如果认为有钱就会幸福，或者结婚就会幸福，那么你也应该想想：自己梦寐以求的这一切，假如失去了该怎么办？这时候还有幸福可言吗？

为什么我们总是觉得痛苦大于快乐，忧伤大于欢喜，悲哀大于幸福？原来是因为我们总是把不属于痛苦的东西当作痛苦，把不属于忧伤的东西当作忧伤，把不属于悲哀的东西当作悲哀，而把原本该属于快乐、欢喜、幸福的东西看得很平淡，没有把它们当作真正的快乐、欢喜和幸福。

人生不怕前路坎坷，只怕从一开始就走错了方向。幸福是一个谜，你让1000

个人来回答，就会有1000种答案。因此，幸福只能体会，不能定义，它不是给别人看的，与别人怎样说无关，重要的是自己心中的感受。所以，向外不停地追求，怎么可能找到幸福呢？

星云大师：幸福的第一个秘诀就是不比较、不计较。有一首通俗的诗说得很好：你骑马来我骑驴，看看眼前我不如；回头一看推车汉，比上不足下有余。如果我们对世间的一切都能抱持知足的心理，不羡慕、不比较，那我们就离幸福不远了。要获得幸福，先要学习吃亏，培养忍辱的精神。

长乐先生：有个成语叫"唾面自干"，真是吃亏修为的最高境界了。我有个修行的朋友，刚开始的时候很开心，常常和我说"悟了""悟了"，见面聊天总是迫不及待地要"度"我。再后来见面，这劲头没有了，我问他为什么，他回答说，自己觉得自己悟了，但这一刻悟了，下一刻又跌入新的谜团中。这一刻的"悟"可能就是下一刻的"执"。庄子讲，人生当如不系之舟，真真不容易做到。所以，佛法说，我们要不断精进。

星云大师：佛法能提升人生的幸福。但是，佛教追求幸福的方法不容易为一般人所接受，因为佛教总是教人吃亏、忍辱、奉献、牺牲。实际上，吃亏就是占便宜，在忍让中有奥妙的道理。胡适之曾说过要怎么收获，先那么栽。你种下恭敬、忍耐、服务他人的种子，自然能收到受人爱戴、敬重的果实。

长乐先生：幸福就是一种心态。现在，许多人在各种信息的狂轰滥炸下，自己的心随外境而转，认为买房子多么开心，穿名牌多么快乐，结果离幸福越来越远。有智慧的人应该反思：在那些琐碎的事物中，怎么可能蕴含着最难得的幸福？我曾看过恩格斯的一句话，他说："在春光明媚的早晨，坐在花园里读书，嘴里衔着烟斗，阳光温暖了我的背脊，再没有比这更幸福的了。"大家可以想一想：这到底是不是幸福？

星云大师：1920年，英国哲学家罗素到四川访问，他和陪同人员坐着两人抬的竹轿上峨眉山。当时是炎热的夏天，轿夫们累得满头大汗，罗素暗自心想：这些轿夫一定特别痛恨坐轿的人，大热天的，还要抬着他们上山。或许他们在想，为什么我是抬轿子的人，而不是坐轿子的人？

一路上，罗素都在琢磨这个问题。到了半山腰，罗素让轿夫停下来休息。他下了竹轿，细心地观察他们的表情。出乎意料的是，轿夫们有说有笑，对闷热的天气和坐轿的人没有丝毫埋怨，反而兴高采烈地给罗素讲自己家乡的笑话，还好奇地问他一些国外的事情。从表面上看，在酷热的夏季抬着客人爬山，这应该是苦不堪言的事，但轿夫们照样怡然自乐。可见，幸福确实无关乎外境。

后来，在《中国人的性格》一文里，罗素引述了这个故事，并得出这样的结论：用自以为是的目光看待别人的幸福，这是错误的。

长乐先生： 幸福其实很简单，简单到有时我们会看不到。一般人总以为自己是好人，别人是坏人，自己怀才不遇，天下的人都辜负了自己；自己做的事都是对的，别人则一无是处；快乐自己享受，痛苦别人承担；只要自己富足就行，别人贫穷，无隔宿之粮、无立锥之地也无所谓。如果每个人都抱持这种自私自利的观念，那么，我们生存的社会将充满纷争、烦恼，毫无幸福可言。不计较，不比较，看我有，不看我没有，不失为最简单的幸福诀窍。

星云大师： 追求幸福，其实追求的是自己心灵的安定和满足。贪心的人，永远得不到这种安定和满足。我们想增进幸福，就要常常抱着"对不起，我错了"的心态，把自己当作坏人，从让步吃亏中扩大自己的心量。我们的人生，向前的只是半个世界，大家拼命往前挤，不知道身后还有更宽广的半个世界。我们应该学习不比较、不计较，从另一个角度去寻找我们人生的幸福。

长乐先生： 布袋和尚写过一首禅诗：手把青秧插满田，低头便见水中天；六根清净方为道，退步原来是向前。插田是退着插，退步就是前进。为人，有时就像这插秧，虽然是在退，但在退中前进了，退一步海阔天空！《金刚经》中讲："诸菩萨摩诃萨应如是生清净心，不应住色生心，不应住声香味触法生心……"这也是教导我们在世态、别离、爱憎、名利甚至战争前不妨退步，进是前，退亦是前，何处不是前？

憨人自有天顾

星云大师：有首歌说：天上的星星千万颗，地上的人儿比星多。一个有力量的人，并不寄望别人给予他什么，而只想奉献、服务于大众。一个有力量的人，他的价值观是建立在对自己的肯定上的。没有自信心的人，才从外在的环境找寻自己的价值，当外境不称心如意时，就起了比较、计较之心，痛苦也随之而至。

长乐先生：台湾著名女作家三毛曾经说："很多事情，只因我固执于只从'以自己为本位的角度'去观察，以为那是唯一的真理和途径，结果不但活得不好，对他人也没有什么真正的付出。"现在社会上有一种心态，叫作"都怪别人欠我的"。比如很多年轻人，买不起房子怪父母，拼爹心态很严重。其实，父母欠你什么呢？和自己的父母计较，到社会上怎么可能不计较呢？于是，工作不好，嫌上司偏心；生活不顺，嫌政府不管。

星云大师：不怨天、不尤人是幸福的第二个秘诀。总裁说的是怪父母的例子，一些人生病了，烧香求神明保佑，病情未见好，就责怪说："我做人很好，为什么神明没有庇佑我呢？"有些人，不

玖

老实人多幸福

仅上怨天神，还下尤人间，总认为世间的事事物物不顺眼、不公平，仿佛世界上的人都辜负了他。下尤人间，我粗略地分，分为内怨眷属和外怨世人。

长乐先生："不怨天，不尤人，下学而上达。知我者其天乎！"出自《论语·宪问》。大家都说，孩子是父母的一面镜子。看看孩子什么样，就知道父母什么样的人。其实，自己是什么样的，自己的世界就是什么样的。自己是一个水晶球，现实中身边的人、事、物，每一个人、每一件事、每一样拥有或遇到的物，都和水晶球里的一个像对应。遇到不好的事情，有些人的水晶球会扩大自怨自艾的情绪，有些人的水晶球会抵御这些外界的不良影响，保持自己世界的澄净温良。

老话常说：傻人有傻福。我觉得，憨厚的老实人才是真正聪明的人，他的内心是一个简简单单、透透亮亮的水晶球，因为他不会钻营，有自己的底线，所以才会自得心安。

星云大师：憨人有福，命运自有天顾，这也是世间另一种平衡的法则。

古印度的寂天论师曾说："众生欲除苦，反行痛苦因，愚人虽求乐，毁乐如灭仇。"这句话看似非常简单，却蕴含着发人深省的道理：那些看上去聪明的人，他们的行为与目标往往背道而驰。也就是说，他们虽然希求幸福，但其行为是痛苦之因。反观那些看上去憨厚老实的人，他们从不去主动侵犯别人，受了欺负也只是憨憨一笑，看似很傻，但他们往往很开心。

幸福的第三个秘诀就是不侵犯、不推诿。不侵犯就是不去伤害别人的生命、财产乃至声誉，不侵犯别人的幸福；不推诿就是不逃避自己的责任，不掩饰自己的过失。前者是尊重他人，后者是尊重自己。

长乐先生：2009年，胡锦涛主席出访坦桑尼亚，日程安排得很满，凤凰卫视记者张凌云得到了唯一的采访机会，胡主席答问长达两分钟。凤凰卫视记者采访国家首脑是没有任何特权特许的，张凌云全凭着一股子牛劲。有人用12个字概括他们获得采访机会的原因：拉关系、套近乎、钻空子、藏起来。其实，我们并没有硬性要求我们的记者如此敬业，我们只是把企图心清晰明确地告知我们的员工，特别是当这些企图心又与国家的荣誉、个人的成就紧密相关时，大家的牛劲就会被极大地激发出来，大家就会尽自己最大的努力去争取，去把工作做好。他们不会因此有额外的奖金，这听上去是不是特别傻？

其实我觉得，这是对新闻事业的尊重、对观众的尊重，更是对他们自己的尊重，他们在这个过程中收获了属于自己的满足和幸福。

星云大师：为什么有些人会产生因循怠惰、推诿责任的现象？主要是因为他们没有明确的人生目标，没有形成"人生以服务为目的""助人为快乐之本"的认识。有些人虽然才华很高，能力很强，但没有服务的观念，认为为人服务降低了自己的身份，是被人利用。事实上，被人利用并不是坏事，能够被人利用，表明我们还有一些能力，还有存在的价值，尚能为社会、人类提供微薄的力量。一个人到了连被人利用的价值都没有的时候，生命也就失去了存在的意义。何况付出的人生比获取的人生更丰富、更充实。

长乐先生：甲、乙两人阳寿享尽后被带至阎罗王面前，阎王看了功过簿之后说："你们两人前生并没有做过太大的恶事，所以仍然让你们投胎做人，出世为两兄弟，但一个过的是付出的人生，而另一个过的是接受的人生。你们哪一个要接受的人生？"甲小鬼抢先说："阎王老爷，请让我过着接受的人生吧！"乙小鬼看到甲小鬼抢先了一步，不但没有懊恼，反而心想：付出的人生，处处帮助别人，多有意义啊。因此，他毫不犹豫地说："阎王老爷，我愿意选择付出的人生。"阎罗王听了之后，提起判笔定下两鬼的前途："乙小鬼下辈子当富翁，专门行布施，把钱财赈济给穷人；甲小鬼想要接受的人生，下辈子就当乞丐，一生接受别人的帮助。"

星云大师：付出的人生，表示我们尚有余裕，可以帮助别人；而接受的人生，是贫乏的表征。因此，西方有句谚语说：施比受更有福。佛说："施者是富贵也。"我们应以施为富，做众生的保姆，发扬人溺己溺、人饥己饥的精神，不逃避责任，不推诿工作，随时予人以方便！

长乐先生：1963年，一个叫玛莉·班尼的女孩写信给《芝加哥论坛报》，说自己觉得很困惑，为什么她帮妈妈把烤好的甜饼送到餐桌上，得到的只是一句"好孩子"的夸奖，而什么都不做的弟弟却能得到一个甜饼？她想问一问：上帝真的

玖

老实人多幸福

是公平的吗？为什么她常看到一些像她这样的好孩子被上帝遗忘了？

西勒·库斯特主持《芝加哥论坛报》儿童版《你说我说》栏目十几年来，收到了不下千封像玛莉·班尼这样的询问"上帝为什么不奖赏好人，为什么不惩罚坏人"的来信。每当拆阅这样的信件时，他的心情都非常沉重，因为他不知道究竟该如何回答这个问题。

正当他不知怎样回答玛莉·班尼的来信时，一位朋友邀请他参加婚礼。当牧师主持完仪式后，新娘和新郎互赠戒指。或许是因为他们正沉浸在幸福中，也或许是因为双方过于激动，在互赠戒指时，两人阴差阳错地把戒指戴在了对方的右手上。看到这一幕，牧师幽默地提醒说："右手已经够完美了，我想你们最好还是用它来装扮左手吧。"

牧师的幽默让西勒·库斯特顿时茅塞顿开。右手本身就非常完美了，因此没有必要再把饰物戴在右手上了。同样，那些行善有德者，之所以常常被忽略，不就是因为他们已经非常完美了吗？因此，西勒·库斯特得出一个结论：上帝让右手成为右手，就是对右手的最高奖赏；同理，上帝让好人成为好人，就是对好人的最高奖赏。

星云大师： 一个老妇人死了儿子。正当伤心欲绝的时候，她忽然想起世上唯一可以帮她救活孩子的是佛陀，于是满怀希望地去拜访佛陀，哀求佛陀救活自己的孩子。佛陀听了老妇人的要求之后，对她说："世上有一种药草，叫作吉祥草，如果你能找到一棵，给你的孩子食用，那他一定能起死回生。"老妇人迫不及待地追问说："请问佛陀，哪里有吉祥草呢？""这种吉祥草，生长在没有死过人的人家中，你赶快去找吧！"

于是，老妇人昼夜奔走，叩求吉祥草，但走遍邻里异国，没有一户人家不曾死过人。老妇人蓦地觉悟到：死亡是人人必经的过程，害怕死亡，并不能免于死亡。

长乐先生： 谁家没死过人？谁人不死？面对死亡，重要的是如何在无常的事相中积极地把握现在的每一刻，追求永恒的生命。

星云大师： 所以，要不贪求、不嗔怒。因为有私心，人对世间的一切总是贪得无厌，认为钱财越多越好，名位越高越得意，物质越丰富越舒适，做了帝王什么都有了，又想着长生不老，如此，何时是个尽头？人要完全去除私心、私欲确实很困难，追求快乐要取之有道，要以合理的方法去追求，才不会自取灭亡。

长乐先生：所以，有句流行语叫作"不作死就不会死"。上帝要让谁毁灭，必先让他疯狂。削减人生的欲望正是修行幸福的一种途径。弘一法师在出家前曾对道家的一些修行方法感兴趣，由校工闻玉陪同，到大慈山辟谷，断食达17天，并将断食的感受详细记录于《断食日志》。这期间，他自感身心灵化，似有仙象，平时以写毛笔字打发时间，笔力丝毫不减，而心气比平时更灵敏、畅达，有脱胎换骨般的感觉。断食之后，他摄影留念，并将照片制成明信片分送朋友，上面印着：某年月日，入大慈山断食十七日，身心灵化，欢乐康强——欣欣道人记。现在的都市人也流行辟谷，有真有假，很多人是出于减肥的目的。我觉得，对现代人来说，辟谷起码可以让负担过重的肉体轻松一下，在某种程度上，也减轻了人对肉体欲望的依赖。

星云大师：过分的贪取、无理的要求，只能徒然带给自己烦恼而已，在日日夜夜的焦虑企盼中，还未尝到快乐，就已饱受痛苦煎熬了。因此，古人说：养心莫善于寡欲。如果我们能把握住自己的心，驾驭好自己的欲望，不贪得、不觊觎，做到寡欲无求，役物而不为物所役，生活上自然就能知足常乐。有关持戒，要从慈悲的本怀去思量。很多人持午（过午不食），原本佛陀制戒是要我们减少对食物的贪求，用心在修行办道上，但为了持午，别人忙着为你打果汁、熬米汤，为你庸庸碌碌地打点杂务，你高高在上去修行，此种行为并不可取。

长乐先生：我们总是会被自己的肉体奴役，因为它要吃饭睡觉，它会痛，它会累。我们唯一能把握的就是自己的心，减少对自己肉体的需要和欲望的满足，才会让自己的本心渐渐显露出来。物质越多，灵性越少。贪婪是肉体的本能，这种本能不光伤害自己，也伤害别人。苏格拉底认为幸福不是享乐主义，不是尘世欲望的满足，只有正当的灵魂秩序和厄洛斯（欲望）的升华才能确保我们达到最渴望的目标。不过，若要达到这种最高层次的欲望，其他各种欲望就必须受到节制，甚至全然抛弃。

玖

老实人多幸福

星云大师：佛陀有个兄弟，名叫跋提，受到佛陀的感化后，抛弃了世俗的荣华富贵，出家修行。有一天，跋提在深山的岩洞中修习禅定，突然发出欢喜声说："好快乐啊！好快乐啊！"旁边同参的人好奇地问他："你说快乐，究竟快乐些什么呀？""过去我贵为王子之尊，娇生惯养在皇宫中，每天吃的是珍肴美味，但没有今天托钵来的一碗粗食香甜；穿的是绫罗绸缎，但比不上一件袈裟尊贵。过去我虽有成群的护卫朝夕以刀枪守卫，但我仍惧怕怨贼歹徒来行刺伤害。现在我独自一人，在空寂的林野中禅坐，没有人保护我，但我心中一点也不觉得恐慌和忧虑，反而感到无比快乐与轻安！"

长乐先生：做减法的人生未必不是幸福快乐的人生，但做减法需要智慧和勇气，没得到或拥有过，我们平凡人很难不奢望、不苛求，所以要修炼，幸福他山求不得，要靠自己争取。

不要无事生非，保持心的力量

星云大师：一群人在河边等着过河。船夫把渡船从沙滩上推到河里，一些小鱼、小虾、小螃蟹因此被压死了。等候乘船的人中有一位秀才和一位禅师。秀才看到压死鱼虾的情况，就问禅师："和尚，你看船夫把船推下水的时候，压死那么多鱼、虾、螃蟹，你说这是谁的罪过呢？是乘船的人，还是船夫？将来这个杀生的罪业，是要归于乘船的人，还是船夫？"禅师指着秀才说："是你的罪过。"秀才很生气地说："怎么会是我的罪过？"禅师呵斥说："因为你多管闲事！"

船夫渡人到河岸，心里没有杀意；乘船的旅客只是过河办事，也没有嗔恨杀生的恶念。他们的无心，像虚空一样，任白云乌云遮蔽，并不妨碍原本净朗的天色。秀才妄生是非分别，平添烦恼闲事。世间有不少人像秀才一样，喜欢评论他人长短善恶，却不自知这好坏是非会让自己的身心不得自在。

长乐先生：什么叫无事生非？牢牢记住你有多少次受到不公正的待遇，有多少次吃亏，这就是无事生非；绝不去赞扬别人，挑拨离间，喋喋不休地批评、挑刺、埋怨，小题大做，这就是无事生非；过度地承担家务劳动，然后自怨自艾地把自己装扮成一个受害者，这就是无事生非；把"我早就知道会如此"挂在嘴边，总是在别人烦恼的时候跳出来做埋怨者，这就是无事生非；永远见不得别人比自己好，嫉妒成性，这就是无事生非。太平时代的许多烦恼，都是无事生非，就如秀才这样的人，总是平地起风云。

星云大师：过去，有一个长年在外做生意的商人，很少回家探望太太，到了岁末，他上街买东西准备回家过年。在街上看到一个老和尚挂着卖偈语的招牌，他好奇地问："这偈语卖多少钱？""十两黄金！""什么偈语要这么贵？""施主！如果你有十两黄金，我自然会告诉你一首妙用的偈语。"商人一时动心，付了十两黄金，老和尚便告诉他一首偈语。

商人听后有些失望，心想：这四句话就要十两黄金，太贵了吧！可是对方是个老和尚，实在不好计较。临走时，老和尚还一再叮嘱商人："把这首偈语记好哟，回家很管用的！"

商人披星戴月地赶路，回到家已是半夜三更，除夕都快过去了。因为大门未上锁，商人直接走进自己的房间，床上挂着蚊帐。商人正要唤太太，猛然在微弱的灯光下看到床前有一双男人的鞋子，商人心想：一定是太太在我离家时不甘寂寞，私会男人。他立即怒火中烧，跑到厨房抓起菜刀，就要砍杀不守妇道的太太。刀在半空中，他忽然记起老和尚的偈语"向前三步想一想，退后三步思一思；嗔心起时要思量，熄下怒火最吉祥。"他怔了一怔，就依言进三步退三步，这一进一退，把躺在床上的太太惊醒了。商人怒气冲冲地指着床底下的鞋子兴师问罪，太太无限委屈地说："你出去这么久不回来，过年了，我不能不放一双男人的鞋子等你回来，图个团圆吉利呀！"

商人一听，扔刀大叫："这偈子太便宜了，值得千两万两啊！"

长乐先生：大师您讲的是个故事，可现实生活中真有这样的事情啊！多少杀妻杀子事件，都是因为一念之差，少的就是这"前三步、后三步"！

星云大师：佛经上说，嗔火能烧一切功德林，意思就是：嗔恚就像烈火一样，能把过去的种种功绩焚燃殆尽。多年友谊深厚的至交好友，往往会为了一些芝麻小事起冲突，反目成仇，断绝来往。有的人，因为爱情不如意，妒火中烧，甚至杀害自己曾经深爱的人。愤怒的火把，小可燃灼自己，大可毁灭整个世界。因此，《四十二章经》里有段美妙的譬喻说："恶人害贤者，犹仰天而唾，唾不污天，还从己堕。逆风扬尘，尘不至彼，还坌己身。"一个人仰着头向天空吐痰，污秽的痰不会污染洁净的蓝天，只会落于自己脸上；逆着风播撒尘土，尘土不会飞到对方身上，反而会飞到自己身上，害人不成反害己。

长乐先生：贪、嗔、痴，是佛教三毒，指世间众生所染的三种根本性的毒害，因为这三种毒害，人们得不到幸福。嗔怒是在现代人中特别常见的一种情绪反应，通常来说，在自尊受到威胁或损害时，人最容易嗔怒。大部分人在受到别人的侮辱、冷落、毁谤和攻讦时，会即刻嗔怒。在遇事挫折、失败或不如己意时，人也会嗔怒。很多人在开车的时候特别容易被一点小事激怒，这也是一种心理疾病——路怒症。有些男生和女朋友打架，嗔怒会让人失去冷静思考和自我控制，导致攻击行为的发生。

星云大师：所以，佛教告诉大家要忍。这个忍的意思是认识，你要有智慧。我们要能接受，要能担当，要能负责，要能化解。有一次，我见到南华大学的校长，我对他说："校长，我送你四个字——无生法忍。"校长说："这是什么意思？"我说，这个世间有不是有，无不是无，大不是大，小不是小，而是大中有小，小中有大。"无生法忍"，是说如果你一切东西都计较，那你的烦恼就多；如果你不多管闲事，不计较，不对立，那就什么都好。有很多人问佛教对社会有什么作用。我觉得，佛教对社会的道德增长有帮助，它可以给人心带来净化。我们与人比的不是力气，是心的力量，也就是慈悲的智慧。

长乐先生：人生就是一种承受，我们要学会支撑自己。世间的很多苦难，只能独自面对，任何人都不能帮我们，比如生老病死。支撑我们的，就是我们的心。而心最易动，最难把握！

星云大师：罪业由心造，我们这颗心像被精于工画的画师涂满青红紫绿的色彩，想要回复心的纯白无染，只要停住内心画师的手，那些五颜六色的色彩自然褪掉。谁的罪过，甲也好，乙也罢，都与我们无关，何必平地起风波，让自己的

玖
老实人多幸福

心朝也寒雨，晚也冷风，不得宁静清明！想要幸福，就要不妄心，要把我们的心守护好，不要让六尘的盗贼攻入。我们的心识容易受到外境的诱惑，眼睛喜欢看美丽的东西，耳朵喜欢听美妙的音声，口喜欢吃美味的食物，身体容易被舒适的感受迷惑。我们容易见异思迁，并且无法控制。有人说：心如平原走马，易放难收。因此，昼夜六时，我们要好好地看顾好自己的心，不要让它盲目乱闯、胡作非为，种下祸根。

长乐先生：有人说，人生是一场对自己生命的永无止境的战争。世界上最难征服的敌人，就是自己。如果我们能擒服心中的贼王，在人生的战场上，我们就是胜利者。但是，心是最难去安定和把握的。如何去修炼我们的心？大师有没有一些幸福的法门？

星云大师：王阳明说："破山中贼易，破心中贼难。人应该知道自己的缺点，知道了还要改，这一点很难。"改过需要勇气，所以说"知过能改，善莫大焉"。幸福安乐在于我们自己的心，给别人幸福安乐，我们自己就会幸福安乐。

父母生养我们，我们有两眼可以看缤纷绚丽的世界，有双腿可以到处行走，有双手可以做事自如，还有什么不满足呢？日本有一位俗名叫大石顺教的比丘尼，在一次灾难中失去了双手，她以坚定的信心、不屈不挠的意志力，用自己的脖子工整地写了一部《心经》，日本人把它称为"无手的心经"，并将它视为国宝。我们和这样的人比起来，实在没有资格再自我烦恼、自暴自弃。

长乐先生：我的一个朋友做了一个小手术，术后恢复的时候我去看他，他特别由衷地说："原来，能自己去上趟洗手间是那么幸福的事！"

星云大师：我们往往拥有无价的至宝，却仍然羡慕别人的良田美眷。我们的住居，虽然没有冷暖气设备，但热情的太阳曝晒着我，清凉的和风吹拂着我。天上的明月、地下的繁花任我欣赏；峻峭的崖壁、幽静的溪谷随我遨游。这山河大地的一切，莫不属我所有，我拥有了整个宇宙虚空，每一片云彩、每一粒沙尘，都蕴藏着我生命的喜悦，世上还有什么比拥有全宇宙更富有的呢？我们每个人都有一座千金难换的宝藏，这座宝藏是盗贼不能抢、贪官不能取的，等虚空无量沙界的如来藏。如果我们能将自己这座宝藏的能源完全开发出来，那我们就将是宇宙中最富有的人。

长乐先生：生是幸福，可以体验人生百态；死也是幸福，可以超脱人世纷繁，回归自然。有朋友是幸福，喜怒悲欢有人分享、有人诉说；孤独也是幸福，享受静谧的冥想和心灵的净化。顺境是幸福，享受上天的恩赐；逆境也是幸福，在奋斗的汗水陪伴下求索。被爱是幸福，时时处处享受无微不至的关怀；爱也是幸福，从此生命有了牵挂，梦境有了归属。富有是幸福，它可以使你的物质需求得到极大的满足；贫穷也是幸福，它可以让你清楚地看到，除了金钱，你还拥有许多可贵的东西。杰出是幸福，被人推崇、被人膜拜，体味掌控生活的快感；平庸也是幸福，平凡的人生，可以踏踏实实地享受每一个清晨和日暮。其实，说来说去，幸福只是一种感觉，一种平和的感觉。别找了，幸福就在你心里。

星云大师：很多人找我看相，我对他们说，相由心生，你的人生不要问别人，问你自己的心，你有什么心就有什么相。一个人，总是想着为人服务、与人结缘，怎么会不幸福？人不可以自私，幸福要无我、要谦卑。有一件小事，给我的感触很深。多年前，我到一些地方，总有人张口就问："你是干什么的？"后来我到美国，遇到一位教授，教授问："请问我能帮你做点什么？"我听了感觉很温暖。所以，未来是服务的社会。一个人肯为大众服务，他就能生存；否则，他就会被淘汰。所以，如果你总是被拒绝、被淘汰，不要怪别人，先问问自己为别人提供了什么服务。佛光山的信条是：给人信心，给人欢喜，给人希望，给人方便。做到这些，幸福和安乐就会伴随你一生了。

不生气，也别膨胀

长乐先生：一位妇人经常为一些小事生气，她向一位高僧诉说心事。等她说完，高僧就把她领到禅房中，锁上房门而去。妇人气得跳脚大骂，但无论她怎么骂，高僧都不理会她。

过了很久，房里没有声音了。高僧在门外问："还生气吗？"妇人说："我只生自己的气，怎么到你这里来！"高僧说道："你连自己都不肯原谅，怎么会原谅别人呢？"于是转身而去。又过了很久，高僧问："还生气吗？"妇人说："不生气了。""为什么不生气了呢？""我生气有什么用呢？只能被你关在这个又黑又冷的屋子里。"高僧说："你这样其实更可怕，因为你把你的气都压在一起了，一旦爆发，会比以前更强烈。"说完，又转身离去。

等到第三次问时，妇人说："我不生气了，因为你不值得我生气。""你生气的根还在，你还没有从气的旋涡中摆脱出来。"高僧说道。又过了很长时间，妇人主动问："禅师，你能告诉我，气是什么吗？"高僧不说话，只是看似无意地将手中的茶水倒在地上。妇人终于明白了：自己不气，哪里来的气？心地透明，了无一物，何气之有？

星云大师：来佛光山学佛修道、奉献服务的徒众越来越多，因此有关疾病医疗、参学旅游、教育留学，乃至日常所需等福利费用也就相应地增加许多。

记得过去有一段时间，补牙、装牙的费用占了很大的比例。一日，掌管会计的职事拿了一沓请款收据，蹙着双眉对我说："师父！最近患牙病的住众特别多，牙疼虽不是大事，但痛起来确实难受。常住尽量给大家方便，偏偏牙病的医药费非常昂贵，一个人补几颗蛀牙，装几颗假牙，动辄千元万元以上，实在不是常住所能负担的。"

"不能负担，也要设法负担。"我告诉他。

会计又补充道："这些人受了常住的恩泽，不但不知回报，说些好话，反而批评常住，有些甚至才装好牙就离开僧团。依我看，实在犯不着为他们出这笔冤枉钱。"

"虽然这些人嘴里说不出什么好话，但我不能不给他们装一口好牙。"我坚决地说。

长乐先生：这些人占僧团的便宜，大师不但不生气，还要给他们装上一口好牙，实在是很高的修为。可见生气这件事无关别人，全在自己。

人人都会生气，但生气只能伤害自己，除此之外，什么作用也没有。而且，爱生气的人一般都有点自我膨胀。所谓膨胀，是指物体受热时，粒子的运动速度加快，占据了额外的空间。你的空间占了别人的空间，影响了他人，他人不高兴，你也很难愉快。自我膨胀的人往往都有些成就，有些自信，这本是好事，但你一膨胀，坏事了，把浮肿当成了强壮，把谦和当成了无能，把他人当成了地狱，你的下坡路就开始了。

梁文道说过一句话，大意是每个强大的国家都是在看起来国势最盛的时候开始埋下衰败的种子。使一个国家强盛的理由，有时恰恰也是使它衰败的理由。人也一样。所以，生气的时候，一定要想想原因。正如大师所说，了无一物，何气之有？

星云大师：交朋友是为了生气吗？做事业是为了生气吗？养儿养女是为了生气吗？肯定不是。这就是禅。日本的一休和尚带着徒弟出去传教，遇到桥梁断裂，河水暴涨。来了一个小姑娘，也急着过桥办事。一休和尚说："姑娘，你要过去吗？我背你好了。"这个姑娘就让一休和尚背了，徒弟在后面想：师父平时跟我们讲男女授受不亲，今天却背小姑娘，这不好吧。过了河，一休和尚放下小姑娘，回到了寺庙。一天、两天、三天、一个月、两个月、三个月过去了，徒弟

玖

老实人多幸福

终于忍不住了，就对一休和尚说："师父，弟子有个问题总放不下。"一休和尚说："什么事？"徒弟说："您不是教我们男女授受不亲吗，您怎么可以背女人涉水过河呢？"一休和尚听了以后一拍桌子，说道："你太辛苦了，我把那个女人背到河对岸就放下了，你怎么把她背在心上三个月呢？"

长乐先生：现代人亦是如此，常常背上很重的心理负担。不知道性格是不是和血型有关，我的一些A型血的朋友，做事特别认真谨慎，也非常负责任，但往往容易背上很重的心理负担，一点小事反复琢磨，放不下，于是活得很辛苦。

星云大师：苦其实来自于我们的贪欲和执着。社会是个大染缸，在社会上做人，一定要矜持、警惕，要情爱诱惑不得、金钱买不走、威力吓不得，做到不动心，什么外力都不能动摇我，我有不变的原则，我有随缘的性格，这样才能减少人生的苦。

长乐先生：你有了主心骨，才能明明白白地知道自己该把精力放在哪里，才不会被不必要的事情惹生气。常常生小气的人很难有成功的事业，因为他眼里只有些鸡毛蒜皮的小事。如果你的视野里全是鸡毛蒜皮，那你的人生能有多宽广、多幸福呢？

星云大师：60多年前，我初到台湾，在宜兰雷音寺弘法时，有一位熊养和老居士，经常到寺里义务教授太极拳。他是江苏人，曾任阜宁县县长，在宜兰县颇有名望。

他在台湾唯一的侄子熊岫云先生，是宜兰中学的教务主任。有一天，正逢熊老居士七十大寿，熊岫云先生特地准备了一份大礼，向叔叔拜寿。熊老居士见了侄子，语重心长地说道："我不需要你任何的孝敬供养，只要你肯在佛菩萨面前磕三个头，念十句阿弥陀佛，我就心满意足了。"

熊岫云先生是位虔诚的基督徒，哪里肯磕头拜佛呢？于是他拔腿就跑，但是回头想想，叔叔是他在台湾最亲的亲人了，因此心里又感到十分懊悔。因为想知道佛教究竟用什么力量，让威德并具的叔叔心悦诚服，从此以后，他每逢周三、周六的共修法会，都会坐在宜兰念佛会的一个角落里听经闻法。

起初，他双手抱胸，桀骜不驯地听我开示佛法。渐渐地，他见到我，会合掌问候。我从来没有特别招呼他，也不曾劝他信佛。如是六年过去了，在一次皈依典礼中，我看到他跪在众中忏悔发愿。典礼结束后，他告诉我："六年来，我不曾听您批评基督教不好，您甚至还会赞美基督教的好处。您的祥和无净，是我在基督教中不曾见过的，因此我决定皈依佛教。"

长乐先生：法国作家维克多·雨果说过："世界上最宽广的是海洋，比海洋更宽广的是天空，比天空更宽广的是人的胸怀。"正因为大师对持不同信仰的熊先生长年包容，才打开了他的心门。

中国文人赞赏一种境界—宁静致远，很多文人写了这四个大字挂在书房中，但大家有没有真的想过这四个字的含义？有人说，它的含义就是，心宁静了，就会想得很远。我说那叫心飞了，走神了。诸位见过深沉的大海吗？大海表面上被风吹起了波纹、浪花，但越往深处，越不动、越静。我觉得，真正的宁静致远就是心灵像深海一样，底下有根，深沉宁静，可以承载很多，可以包容很多，正如这位禅师。

星云大师：我们降生到这个世界上，都希望人生幸福，如何做到？首先要做自己的贵人。我们所求的贵人在哪里？真正的贵人就是自己。你先别想着度别人，先把自己度了，把自己变得更好，把自己完善了，把自己的缺点改正了，你自然就是自己的贵人，人生自然就会幸福。我们说福不享尽，就是力气不要使尽了，使尽了就没有力气了。所以，在度了自己的基础上，我们要去帮助别人。给别人路走，就是给自己路走。很多人问，给别人什么样的路呢？我觉得，给别人什么样的路就是给自己什么样的路。

长乐先生：你若盛开，蝴蝶自来；你若精彩，天自安排。我们生命中的一切所愿，不是"追求"所得，而是"吸引"而来。所以，佛说：有求皆苦，无求乃乐。

星云大师：在这个世界上，你不能什么东西都想拥有，财富、智慧、大德……这需要有福德因缘，该是你的，会来找你；不是你的，煮熟的鸭子也会飞走。所以，不一定要占有，享有就好。你建大楼，我可以在走廊上躲雨；你有电视，我可以在旁边沾光。太阳给我们温暖，月亮给我们清凉。世间没有穷人，只要你和他人共存共荣，不嫉妒别人，就可以享有幸福和安乐的人生。

放下我执

长乐先生：人生可以复杂，也可以简单。我和大师说了一本书的"包容"，其实，包容的第一秘诀就是放下我执。放下无用的执着，放下种种的不舍，放下"我"。只要你拥有豁达的心胸，面对不愉快的人与事能一笑而过，用心收集人生路上快乐的记忆、温暖的鼓励，幸福就在手边。

星云大师：执着，要分事。不能没有原则，要合乎道德，合乎法律，合乎大众福乐。所以，人生要像皮箱，用的时候提起，不用的时候放下。出去旅行需要提一个皮箱，但如果是在家里，不管是吃饭还是睡觉，你都拿着皮箱那就没有必要。想要幸福和安乐，当然就得放下，要合乎时宜。

长乐先生：放下自己是一件很难的事情，因为这违反生物的本能。但人之所以为万物之灵，不正是因为人有超越本能的智慧吗？我喜欢布袋和尚，办公室里放着布袋和尚的塑像，眉开眼笑，神情悠远，常常看这样的佛，自己的心态也变得从容。布袋和尚讲的就是"放下"二字，我也时时提醒自己放下。

星云大师：放下自己的确需要不断提醒自己有意识那样去做，持之以恒才能习惯成自然。天堂和地狱有什么不同？如果去参观天堂和地狱，会看见那里的人都拿着三尺长的筷子吃山珍海味，地狱里的人个个面黄肌瘦，天堂里的人个个面色红润。为什么？因为筷子太长，地狱里的人只往自己嘴里送，自然够不到；天堂里的人互相喂对方，自然很快乐。互相帮助，就是天堂。

长乐先生：怀着希望得善报的心去帮助别人，这也不是放下，因为你心里还是放着一个"我"，希望"我"得到好处，你这是买卖，不是帮助。真正的帮助是不求回报的，是自然而然的。

星云大师：执着不能放下，就会痛苦无比。一个年轻人爬山，攀住山腰的一棵小树，往下一看，下面是万丈深渊，赶快喊救命。找谁啊？找佛祖。佛祖说："我可以救你，就怕你不听我的话。"年轻人说："我怎么能不听您的话？求您救我！"佛祖说："好，那你把手放开，不要执着。"年轻人听完后，手反而抓得更紧。佛祖说："你的手抓得那么紧，不放开，我怎么好救你呢？"

长乐先生：我们怎么放下自己？我觉得，诀窍就是不要盯着自己的需求，要把注意力放在别的东西上。不要总想着"我"，要学会移情，移情也是情商高的一种表现。比如，你可以单纯地去用皮肤感受一下蒙蒙细雨，用鼻子感受一下淡淡花香，活在当下，别论真假。他人对你好，或者他人对你不好，接受不接受全在你自己，坦然接受好过自己和自己较劲。

星云大师：接受别人没有职业，接受别人不要你，接受工作很难找。先接受，再融入大众，尊重别人，健全自我。自我健全了，就能感觉到幸福和快乐。

长乐先生：大师说的这些，做起来很难。比如我们做企业的，总会觉得员工这里做得还不够完美，那里还有差错，有时候是拿自己的标准去要求别人。凤凰卫视有个小伙子，好几次漏播，我当时很生气，很想开掉他。后来想想，还是要给年轻人机会，你不培养他，不给他机会，他怎么成长呢？现在的社会，节奏越来越快，对年轻人的要求越来越严苛，没时间给你犯错、给你宽容，所以，整个社会的气氛越来越浮躁。

星云大师： 我们家里养的小狗常常打转、摇尾巴，小狗为什么这样转来转去的？据说小狗感到幸福安乐时，就会摇尾巴。我们要向前努力，幸福安乐会在前面等着我们。

长乐先生： 前些日子，我请一位苏州的评弹大师喝茶聊天。大师问我："你知道'茶'这个字为何如此造字吗？"我说不知，大师笑着说："你看'茶'这个字，上面是草，下面是木，中间是人，就是讲人要回到草木之间、自然之间、天地之间，才能品出茶味。你瞧我们这样坐在混凝土的房间里，环境高档豪华，再好的茶、再好的水，也喝不出真味！"

我时常到世界各地旅行，发现到国外旅行的国人越来越多，这是我们国家富强的表现。但是，旅行的人们，你们真的在旅行中找到幸福了吗？幸福可不是上车睡觉，下车撒尿、拍照，是发现美的心灵和眼睛。如果失去想象力和美好的心，再美好的景点，也觉得索然无味。如果我们的心能返璞归真，回到草木之间，那么，哪怕是看到家门口一株含苞的蜡梅，也会觉得美好幸福极了！

大师能不能给我们描述一下，最理想的人生应该什么样的？

星云大师： 我觉得，理想的人生是"五和"人生。

为自己创造内心的和悦。自己的心就像一个工厂，不能创造自己心里的欢喜、欢乐，就没有好的生活状态。

要创造家庭和睦。家里的兄弟不和、夫妻不和、母女不和，这还是什么家？家是一个温暖的窝，家是最安全、最幸福的地方，放假回到家，父母帮儿女，儿女帮父母，父慈子孝，上下相亲相爱。

人与人之间和为贵。我们要尊重、原谅、包容别人。我们的存在都必须依靠别人，我走到哪里都有司机为我驾驶，我穿衣吃饭都有人给我帮助。树木要成林才能壮大，人也是一样。人类过的是群居生活，所以，我们应该在这个群体里相亲相爱。

社会和谐。和谐不一定非要相同，只要和谐，就美丽。颜色有黄的有红的，没有关系，和谐就漂亮了；吃饭各有各的口味，没有关系，肠胃和谐就健康了。世界和平。世界天天有战争，就不和平了。幸福安乐需要包容，太计较就不能幸福安乐。

拾

向死而生

我们每个人活在世上，好比乌龟背着躯壳，转化了有形的身命。有些人临死的时候，苦恋栈世间的七情六欲，放不下子孙、家产，不想死、不肯死，好比乌龟脱壳时被撕裂、被锉刮一样痛苦。佛教不是这样，在佛教里，人死亡之后，脱离了千钧万担的躯壳，感到无比轻松，就像「行也布袋，坐也布袋；放下布袋，何等自在」。

老病死生

　　长乐先生：海洋深处的大马哈鱼产完卵后，孵化出来的小鱼不能觅食，只能靠吃母亲的肉长大。母马哈鱼任凭小鱼撕咬，小鱼长大了，母鱼却只剩下一堆骸骨，所以，大马哈鱼是母爱之鱼。微山湖的乌鳢产卵后便双目失明，无法觅食，而只能忍饥挨饿。孵化出来的千百条小鱼天生灵性，不忍母亲饿死，便一条一条地主动游到母鱼的嘴里，供母鱼充饥。母鱼活过来了，小鱼的存活量却不到总数的十分之一，所以，乌鳢是孝子之鱼。每年产卵季节，鲑鱼都要千方百计地从海洋洄游到位于陆地上的出生地。央视的《动物世界》曾播放了鲑鱼的回家之路，极其惨烈和悲壮。耗尽所有的能量和储备的脂肪后，鲑鱼游回了自己的出生地，完成它们生命中最重要的事情——谈恋爱，结婚产卵，最后安详地死在自己的出生地。所以，鲑鱼是乡恋之鱼。

　　我常常想，只要是人，一生中都会有这三种鱼的牵挂：一是父母，给了我们生命，目送着我们走向远方，无怨无悔地付出，直到无所付出；二是子女，从呱呱坠地的那一天起就与我们结下血脉之缘，从此无比信任地陪伴我们到老；三是故乡，无论飘得多高，终有一天，我们还是要踏上这条回家的路。因此，我们都是一群孤独的鱼，不小心游到了这个世界上，从此被这个世界收留，生老病死，从生到死，从出离到回归，这就是人的一生。

星云大师：什么事情是人人都要经历面对的？就是生老病死，这是生为人不能逃避的痛。一般人们都说"生老病死"，我把它改成"老病死生"。先说老。老是生命循环的自然现象，大多数人变老时都会因盛色、气力、诸根、寿命等境界的衰退而感到苦恼，但有人却人老心不老，继续学习各种知识、技能，并以累积一生的经验继续贡献力量，这就是老而不惧。

长乐先生：作家苏叔阳就是一个老而不惧的人，他曾经这样说："对我来说，写作是一种诱惑。马上奔70岁的人了，可我总觉得生活中还到处充满了我想探知的事情。我愿意把年龄减去22岁。我调到北京电影制片厂那一年已经40岁了，但当时感觉自己像进入了一个美轮美奂的世界，眼里看见的都是美丽的人与美好的事物。40岁的人了，想法竟然像一个18岁的孩子那么幼稚。40和18之间就相差了22年。所以，我今天的思想大约也就相当于40多岁人的水平，还在成长过程之中，更未到老年……"所以，要想老而不惧，首先要不觉得自己老，还怀有一颗好奇的、不断跳动的心。

星云大师：我们可以把人生比作一条路，但这条路真的不是以自然年龄来计算的。人生的前途要有路，才能有所发展，如果前途没有路了，就表示人生已经走到了尽头。

长乐先生："有所发展"的期待可以让人老而不惧。即使老了，也要使自己的生活充满乐趣。公元前3世纪，当罗马军队攻入叙拉古城时，科学家阿基米德正蹲在地上潜心研究一个图形。军人要把他带走，他请求军人等他把那道几何题解出来再走。军人不耐烦地挥刀把他杀了，当剑劈下来时，他只来得及说了一句话："不要踩坏我的圆！"阿基米德把追求科学作为人生最大的乐趣，他不光是老而不惧，而且是死而不惧。我曾经在报纸上看到一幅漫画：地球即将爆炸，有一处已经出现了一道很大的裂缝，万人惊慌地等待着毁灭，但有一个人拿着铁锹在地球的裂口处平静地栽种着苹果树。有人问他为什么，他说："我也不指望再吃上自己栽种的苹果了，我只是在享受栽种苹果的乐趣。"这就是死而不惧，老而不惧。

星云大师：老了就会有病，病重了就会死，死了又有另外的希望和未来。许多人惧怕死亡，我抱持中道的立场告诉大家：生，也未尝可喜；死，也未尝可悲。过去有个老员外，晚年得子，宾客盈门来向老员外祝贺弄璋之喜。有位禅师也接受了礼请，但他不仅没有庆生的喜悦之色，反而号啕大哭。员外大惑不解，问道："禅师啊，你为什么如此哀恸呢？"禅师忧戚满面地回答说："我是悲伤你家多了一个死人！"在觉悟者看来，生是死的延续，死是生的转换。生也未曾生，死也未曾死，生死一如，何足忧喜？

长乐先生：比起死，可能人们更怕的是老。毕竟死是瞬间的，老却是漫长的。凤凰卫视曾播过一部宋美龄的纪录片。宋美龄是很长寿的，活到了106岁。一般人看到百龄以上的老人，总会觉得他们很有福气。一个人活到100多岁，真是可喜的事吗？宋美龄晚年的时候曾说她不知道为什么上帝让她留在这个世界上，她很少说话，因为她认识的朋友都走了。想想真的觉得很悲凉，一个人老到连可以叙旧的人都没有了。所以，长命百岁有时也不一定是可喜的事，长寿而孤苦、衰老、痼疾缠身，更是人间苦事。

星云大师：长寿不足欣喜，死亡也不值得忧惧。人的死亡，就像自己领了一本出国观光的护照，可以到处海阔天空、悠游自在！我们每个人都没有经历过死亡，不知道面临死亡的一刹那究竟是什么情况。根据经上的描述，人在死亡的那一刻，可以清楚地听到医生宣布他死亡的平静声音、亲人们悲伤的哭泣声音，也可以看到一群人手忙脚乱地翻动他那呼吸停止、心脏不再跳动的躯体。他心中焦急，还有许多事情没有办完，来回穿梭于围绕在他身边的亲戚朋友之间，想交代他们要如何如何做，但大家只顾悲伤哭泣，没有一个人理会他。

长乐先生：《读者文摘》曾专题报道过一个从死亡中复活过来的人，他谈及了自己临死的感受和"死"后的情形。这个人不幸出了车祸，人和车子被撞得粉碎，救护车、医生、警察和他的家人都赶到现场来处理。他的神识已经离开了身

拾

向死而生

体，飘浮在半空中。在嘈杂的人声里，他看到一大堆人争论不休，搞不清楚车祸是怎么发生的。于是，他走过去对警察说："我亲眼看见车祸是这样发生的……"但警察充耳不闻、视若无睹，旁人好像也无视他的存在，更没有人听到他的言语。此时，他已经没有实质的身体，只是精神的存在。他发觉自己站在自己的形躯之外，成为身体的旁观者。他感觉自己的精神在空中浮荡，并且以极快的速度穿过一条漫长、幽暗、窒闷的隧道。

另一个因头部受伤从死亡边缘获得重生的人，在回忆那次濒死的经历时说："我最初感到头部轰的一声，浑然无知，接着就有一种温暖、舒适、安详的感觉。"离开了身体，神识、灵魂再也没有任何障碍和负担，因此就能感受到前所未有的舒适感。

还有人说："死亡的刹那，我有一种非常美好、伟大、和平而又宁静的感觉。"另一个人则说："我可以看到自己轻如鸿毛，自由自在地飞向面前光明的世界。"

星云大师：佛经上说，人活在世上，好比乌龟背着躯壳，转化了有形的身命。有些人临死的时候，苦苦留恋世间的七情六欲，放不下子孙、家产，不想死、不肯死，好比乌龟脱壳时被撕裂、被锉刮一样痛苦。佛教不是这样，在佛教里，人死亡之后，脱离了千钧万担的躯壳，感到无比的轻松，就像"行也布袋，坐也布袋；放下布袋，何等自在"一般飘然无忧、悠游逍遥。

长乐先生：我办公室里站立着的那尊高大的布袋和尚塑像，讲的就是"放下"二字。

美国好莱坞影星利奥·罗斯顿说："你的身躯很庞大，但你的生命需要的仅仅是一颗心脏。"美国石油大亨默尔也说："巨富和肥胖没什么两样，不过是获得超过自己需要的东西罢了。多余的脂肪会压迫人的心脏，多余的财富会拖累人的心灵，多余的追逐、多余的幻想只会增加一个人生命的负担。"

星云大师：释迦牟尼佛在世的时候，有一位婆罗门两手各拿了一大朵花前来献佛。佛陀大声地对婆罗门说："放下！"婆罗门听从指教，将左手拿的那朵花放下。佛陀又说："放下！"婆罗门将右手的花朵也放下了。佛陀又说："放下！"婆罗门无奈地回答："我已经两手空空，没有什么东西可以再放下了，为何还要我放下？"佛陀听了他的话，说道："我的本意并不是让你放下手中的花朵，而是让你放下六根、六尘和六识。只有将这些都放下，才能从生死轮回中解脱出来。"

无论智愚贤不肖，老病死生是人人必经的过程，只是迟速有别，种类各异。显贵如秦始皇，即便可以拥有世间一切，征服天下四海，也无法获得长生；高龄如彭祖，纵有800岁的寿命，从宇宙大化来看，也不过如蜉蝣之朝生暮死。宇宙含灵，乃至一切众生，有生必有死，只是死亡的情况千差万别、个个不同。

长乐先生：三种鱼，最后一种是回归之鱼。我的一个朋友，事业做到巅峰的时候，得了一种很难治愈的免疫系统疾病，于是离开北京回老家休养。前不久，我看到他在微信朋友圈里这样写道："我的家乡有一座山，睡在海的臂弯。秋风起的时候，从湛蓝挂云的高空俯视，一条条金黄色的蜿蜒路，一丛丛柳暗花明的怡红快绿。路遇僧人，低眉合掌。深山净泉，能闻潺潺。所有都市里蒙尘的心，都该在这里待上一个月，泡一泡温泉水，饮一饮老乡茶。老妪的柴火老灶能给你最温暖的鱼肉米香，绵软柔长的胶东土话带你梦回童年。少年离家，最不懂的，是故乡；魂牵梦萦，再也回不去的，是故乡。"

故土，就是初心。我们应该保留生命中最纯粹、最有价值的部分，不忘初心，只有懂得放下执着，才能获得新生。我送大家一句话：世事愚人，追逐功名迷本性；云山忘我，抛开得失现天真。

另一种境界的开始

星云大师：《法句经》里说："天下之苦，莫过有身，饥渴寒热，嗔恚惊怖，色欲怨祸，皆由于身。"活着的时候，身体是我们的大负担，饿了要找东西喂它吃，冷了要替它加衣，身体带给我们的烦恼远比带给我们的快乐多。而死亡之后，魂魄不再受躯壳的牵制，不必再去侍候色身，就没有了饥寒、病痛的生理折磨。活着的时候，人的种种能力都受到躯体的限制；死后则不受物理世界的拘束，灵魂能自由自在地飞行。除了佛陀的金刚座、母亲的子宫胎不能穿越外，物理世界的其他任何阻碍都可以自如穿梭，真是"念动即至"了。

长乐先生：在和大师的交往中，有一件事令我记忆深刻。我的一个朋友身患癌症，到晚期的时候基本已经无药可治。他对死亡十分惶恐，他的家人找到我，希望我请大师到香港，为他开解生死。我踌躇很久，因为我知道大师年事已高，而且日程十分繁忙，不知如此小的请求是不是合适。但是，在我和大师说明此事后，大师毫不犹豫，第一时间飞往香港，陪我一起探视了我的朋友。后来他的家人告诉我，他走得十分安详美好。我记得大师当时握着我朋友的手说："你怎知此时的离去，不是在另一个世界睁开眼睛？"

星云大师： 死亡不是一种结束，不是一切的终止，而是另一种境界的开始。

灵魂从旧有的身体出窍之后，等于是离开了生长数十年的人世间，开始为它另一次生命的开展寻找出口。从死亡到投胎转世的这一段时间，佛教称为"中阴身"，中阴身会随着前世的业力寻找他投胎转世的因缘，等到因缘具足转生之后，便会忘记前世的经历，这叫"隔阴之迷"。因为有这种隔世遗忘的现象，所以今生不记得过去生的种种困苦，而投胎再生后也会忘记今生的烦恼。

在佛法里，人是死不了的，死去的只是四大假合的身体、躯壳，而生命是绵延不断的。如法正觉的道心、自性，虽历千秋万世，亦常存不灭。佛法就是要我们知道这身体如水泡，觉悟世间如幻化，若能如此，我们对死亡的存在便能顺其自然、处之泰然了。

长乐先生： 人生如梦又如幻。顺治皇帝有一首诗说：未曾生我谁是我？生我之时我是谁？长大成人方是我，合眼蒙眬又是谁？其实，知不知道过去生，晓不晓得未来世，都不是很重要的问题。活着，好好活，就不惧死。

星云大师： 死，不是消灭，也不是长眠，更不是灰飞烟灭、无知无觉，而是走出这扇门，进入另一扇门，从这个环境转换到另一个环境。经由死亡的甬道，人可以提升到更光明的精神世界中去。对于这种死亡的观念，佛经里有很多譬喻。

死如出狱：众苦聚集的身体如同牢狱，死亡好像是从牢狱中释放出来，不再受种种束缚，自由了一样。

死如再生："譬如从麻出油，从酪出酥"，死亡是另一种开始，不是结束。

死如毕业：生的时候如同在学校念书，死时就是毕业了，要按照生前的业识成绩和表现，领取自己的毕业证书和成绩单去受生转世，面对另一个天地。

死如搬家：有生无死，死亡只不过是从身体这个破旧腐朽的屋子里搬出来，回到心灵高深广远的家，如同《出曜经》上说的"鹿归于野，鸟归虚空，义归分别，真人归灭"。

死如换衣：死亡就像脱掉穿旧、穿破了的衣服，换上一件新衣裳一样。《楞严经》云："当知虚空生汝心内，犹如片云点太清里。"一世红尘，种种阅历，都是浮云过眼，说来也只不过一件衣服而已。

死如新陈代谢：人的身体组织每天都需要新陈代谢，旧的细胞死去，新的细

拾

胞才能长出来。生死也像细胞的新陈代谢一样，旧去新来，使生命更可珍贵。

长乐先生：国内外濒死体验的研究表明，尽管不同个人描述的濒死体验内容有差异，但它具有明显的一致性和普遍性，社会心理、文化程度、职业、婚姻、性格、倾向等也对濒死体验的内容有不同程度的影响。男性较女性思维过程加快的感受多；未婚者比已婚者具有超感官知觉和世界毁灭感的体验多。文化程度越高，思维特别清晰的感受越多；文化程度越低，离体体验、生存于非尘世领域的体验、躯体陌生感和世间非真实感越多。农民和无工作者时间缓慢或停止感和身体感觉异常的体验多，干部和工人多有突然醒悟的感受，相信鬼神和命运者多有扮演另一个人的感受。

星云大师：世界上的许多宗教都认为：人死后必然会先受审判。道教的审判大权操在阎罗王手里，天主教和基督教的最后审判权操于救主上帝，佛教相信：人死后，审判我们的不是佛祖，而是我们自己的业力！未来投胎转生的好坏，要由过去作为的好坏来决定；未来轮回六道的去向，要由过去造业的因果而定。所谓"欲知后世果，今生作者是"，无论是用哪一种业力受生，大部分人死后都要通过一条漫长而黑暗的隧道，然后自有人前来接引。所以，如果平日能慑心正念，行善去恶，就不怕审判，也不怕死亡。

长乐先生：中国的儒家学者主张"朝闻道，夕死可矣"，又云"死生有命"或"听天由命"，也就是说，生死是由命决定的。孔子曾说：未知生，焉知死？老子讲得很有道理，"出生入死"，出生一定会入死。又云："人之生，动之于死地。"人在出生的时候，其死亡已经开始了。因此，老子叫我们不必担心生与死的问题，要"尊道而贵德""夫莫之命而常自然"。也就是说，人只要有道德就好，至于生死，让它顺其自然。人活着的时候，如果只知道吃喝玩乐，不知道为自己的生命寻求方向，一旦大限到来，就会后悔莫及。有些人，一生都没有停止追求进步的脚步；有些人，20来岁已经停止前进，这和死了有啥区别？

所以，只有先懂得如何生，才能懂得如何死。肉体的死亡不可怕，心灵的迷失才是虽生犹死！

心宽一寸，病退一尺

长乐先生：我前面提到的老而不惧的作家苏叔阳，曾两次身染绝症。他1994年患肾癌，2000年癌细胞转移到肺部，先后切除了左肾和左肺叶，后又发现脾脏有了肿瘤，于是又做了大剂量的放疗。在患癌症的十几年里，他先后出版图书约七部，累计300多万字。所以，苏叔阳把自己称作"健康的病人""心宽一寸，病退一尺"。他说："要把病当朋友看，善待它们。但这个朋友不请自来，还有点小脾气，必须耐心地安抚它。"他的意思是，既然病来了，就把它当作生活中的一个朋友，一起玩。每次去医院，他都不是说去看病，而是说"去看老朋友"。有人向他"取经"，他送出四句话："良好心态可去癌，乐观情绪能去病，戒烟限酒少烦恼，心胸开阔得宁静。"

星云大师：我患有糖尿病，刚得知患糖尿病时，我一度无法接受，因为我的家族没有糖尿病遗传史，而且我饮食清淡，怎么会得糖尿病？后来想了想，可能是我年轻时曾有两三次极度饥饿，饿到几乎要晕厥，损坏胰脏所致。但是，有糖尿病不必怕，我已经有50多年的糖尿病史了，到现在依然健康。糖尿病不是大病，但很麻烦，要打针吃药。我把它当作朋友，爱护它，不怪它，与它和平相

拾

向死而生

处，谨守分际。

长乐先生： 病痛折磨真是人生的大苦。对待各种慢性病，以病为友真是最好的心态。不管你如何待它，它都要陪你一生，既然如此，为什么不能交个朋友呢？你尊重你的朋友，你的朋友才会尊重你。把疾病当作朋友，当作上天给你的警醒，它会时时刻刻提醒你注意自己的身体，调整自己的生活，以便更好地配合医生的治疗。

星云大师： 出家人对生老病死不计较，重要的是"乐天知命""与病为友"，尤其是对慢性病来说，要慢慢来，要正面思考，不患得患失，多运动，多为人服务，自然能长命百岁。我现在其实身体很不好，出门走个20步可以，再多了就要坐轮椅。眼睛已经渐渐看不清楚，但没关系，该看清的都在我心里。记忆力也大不如前，不过还好，别人看我是老人，凡事不和我计较。唯有肠胃还不错，吃什么都觉得很香。

长乐先生： 这次见大师，眼睛和体力的确不如从前。以如此身体，大师仍然坚持到各地弘法，实在让人敬佩！我们一聊两三个小时，大师一直这样端坐着，一口水不喝，用气力讲这许久，真是令人感动！

星云大师： 四大五蕴假合之身，孰能无病？生老病死本是人生必经的过程，谁能免除？对生命的意义要有一些了悟，只有对生死无所挂怀，才能坦然面对疾病。心生排斥、恐惧、忧愁，只会加重病情。我17岁在栖霞山寺得了疟疾，要死了，师父叫人送给我半碗咸菜，救了我。此事不能忘，想起来，感激涕零。后来我弘法利生，有时候，祈求"让我生个病吧"，好让人照顾一下，因为平时没有那么多人关心我。

长乐先生： 我一生也逃过很多劫难，人家说我命大。其实，对死的恐惧是人的本能，有时候牵挂越多，越放不下。2013年，李开复传出患淋巴癌的消息，很多人一阵警醒，纷纷去查体。现在我身边得癌症的人越来越多，年龄越来越小，大家谈癌色变，有时候就讳疾忌医，不肯相信这种事情会发生在自己身上。其实，直面比躲避更重要。李开复得了癌症之后说了一句话，我觉得特别好，他说：疾病也是生活的一部分。这就很有平常心，是好心态。

星云大师：我在台北荣民总医院诊察，医生发现我的肺上有斑点，以为我得了癌症，不敢确诊，就问我："出家人不怕死吧？"我说："死，不怕，痛，是怕的。"人对痛的承受力有个极限。生了病，不是要不痛，是怎么让痛减轻。比如牙痛，静下心来想：阿弥陀佛，不要痛了。哦，真的好了！我试过，不知道你们是不是管用。

当然，身体有病，需要听从医护人员的指导，采用适当的医疗方法，比如药物治疗、饮食治疗、物理治疗、心理治疗，甚至民俗治疗、音乐治疗等。有的病，要多休息，时间就是最好的治疗剂。像感冒这种小病，很多医生都说感冒是治不好的，因为感冒的种类有100种之多，哪里能对症下药？所以，医方只是一种安慰，我们自己懂得，感冒了，多休息、多喝水、少出门，这就是治疗。

长乐先生：最近，美国公布了一个很有意思的数据：美国的类风湿关节炎病人的平均寿命已经超过了美国公民的平均寿命。这肯定是得益于正规的治疗、定期的身体监测以及病人的良好心态，因为从一开始就接受正规治疗的病人鲜见有关节残疾、内脏损害的。有些损害是不可逆转的，只要我们努力善待疾病，就能让自己的身体达到最好的状态。

星云大师：生病最忌讳病急乱投医，有的人一听到自己有病，就惊慌失措，到处乱找偏方。台湾有个奇怪的现象，哪个人一有病，周围的人个个都成了医生：你应该吃什么药，你这病应该怎么治。大家七嘴八舌。有的人自己没有主张，一会儿听这个人的话去看这个医生，一会儿又信那个人所说去看那个医生。也有的人生了病讳疾忌医，不好意思看医生、害怕看医生。有时候，我们身体上根本没有病，是"疑心病"。

我20岁左右的时候，一位老师说"人常因疑心而成病"，例如，我曾经一度怀疑自己得了肺病，之后有好长一段时间都被得肺病的阴影笼罩着，不得开脱。当然，我自己懂得调理、排遣，有时候心里想：我身体这么好，怎么可能得肺病呢？不过，我多少还是受到了那句话的影响。后来我到了台湾，住在中坜。有一天，有个人告诉我，西红柿可以治肺病。当时，西红柿的价钱不贵，于是我买了一大箩筐西红柿。吃完以后，我心里想：这么多的西红柿，应该可以把肺病治好了吧！从此，我再也没有想过肺病这个问题。

身体上的疾病有时候是自己疑心造出来的，所谓"心病还须心药医"，身体上的疾病，有时只要有坚强的信念、乐观的心情、适当的运动、调和的饮食，就会不药而愈。

长乐先生：有没有病，还是要问医生。现在科技进步了，有些小病小灾，懒得跑医院排队挂号，也别自己乱吃药，可以在手机上问问专业的医生。现在手机上有很多医疗健康咨询的软件，比如美国的 Health Tap、中国的"春雨医生"，你用手机上传照片、化验单，就能向大医院的专家请教，在医生的指导下吃药或者再到医院就诊，很方便。千万别自己瞎琢磨，乱吃药。有人说，人的一生只有两天，一天用来生，一天用来死，而终点往往比起点更为神秘。面对突如其来的疾病，不迷信，不恐惧，保持平常心，相信医学和科技最为重要。

星云大师：面对各种疾病，大家要有一个想法：自己要做自己的医生。所谓"兵来将挡，水来土掩"，身体有病，最重要的是自我治疗，自己做自己的医生。自己心理健全，就可以克服困难；自己意志坚定，就可以克服一切病苦。

长乐先生：与病为友，从疾病中感悟人生。有个中年人患了肺癌，两次开刀，生命垂危，医生也认为他活不了多久。然而，10多年过去了，一次复查身体，医生竟发现他身上的癌细胞奇迹般地消失了。

这位战胜病魔的病友被当作抗癌明星应邀做报告，他说："治疗癌症有方法，就只四味药，即工作是药、生活是药、快乐是药、药是药。"

患病并不可怕，关键是以何种态度对待它。悲观者，怨天尤人，以病为忧，整天沉溺在悲观情绪中，生命越发脆弱；乐观者，以病为友，善待病痛，"转烦恼为菩提"，不仅为医治顽疾提供了良好的心态，而且多了一种生活内容和对生命的深切体验。

星云大师：生命是由父精母血以及业识的因缘和合而来。《修行道地经》中详述了胎儿的发育过程及其处于母体时的种种苦处，然而，《杂阿含经》则以"盲龟浮木"来形容人身的难求难得。所以，生命宝贵，绝不可轻易放弃。

　　长乐先生：最后和大家分享网络流行歌曲《小夫妻大战白血病》中的一段歌词，这首歌是一个1977年生人的小伙子馒头创作的，他的妻子橙子被诊断出白血病前期。歌词讲的是小夫妻共同和病魔斗争的故事，从歌词里，我们能感受到这对小夫妻面对癌症的坚强和乐观，还有彼此之间深深的爱。我想，人生的病痛有时是不可避免的，我们唯一能改变的，就是自己面对病痛的心态，用爱战胜病魔，这对小夫妻给了我们很多温暖的启迪。

这个冬天最温柔的阳光

把我们影子拉得好长

你挽着我的手偷偷地笑了

说还能活着真好

你说这一年的剧本太糟糕

虽然演了韩剧女主角

结果连续八个月高烧

吃掉几吨不知名毒药

空气中充满了你甜甜的笑

阳光下你微微弯起的眼角

虽然病魔还在骨髓里游荡

虽然我们都知道

我们穿着新买的小棉袄

走在洒满阳光的小路上

晒去病房消毒水的味道

让傻笑透出白色的口罩

我们不知道何时会分离

我们想一直这样在一起

我们在努力

让离别的那一天远去

人没有权力毁灭任何生命

星云大师：中国人说，好死不如歹活，但有些人觉得自己活得没有意思，想自我了断。在佛教看来，自杀也是杀生，佛法不允许人自杀。人的血肉之躯是由父母结合而生养，并且从社会接受种种所需以成长。生命的完成是社会大众的众缘所成就的，当然应该回报于社会大众。所以，人没有权力毁灭任何生命。

长乐先生：希腊的三大哲学家——苏格拉底、柏拉图和亚里士多德——都反对自杀。前两者是从信仰的角度出发，认为人的生命属于诸神，没有神的谕令，人不可以自杀。而亚里士多德是出于社会伦理的考虑，在他看来，自杀是一种加诸社会的不义行为，而且常常反映出当事人在道德上缺乏自制。此外，中世纪的宗教思想家奥古斯丁认为，人对自己的生命只有使用管理权，没有绝对的生死支配权。不过，也不能一概而论，许多圣贤杀身成仁、舍生取义，为国家、人类的利益而自我牺牲，你能说这是不道德吗？

星云大师：如果用嗔恨心去杀人，当然是不道德；如果用慈悲心为救人而去杀人，却是大乘菩萨的道德。道德不道德的标准，应该以人心为出发点，于人有益的行为是道德的，于人有害无益的行为是不道德的。不久前，台湾彰化有一对中年夫妇，因为经济发生困难，一时想不开，夫妻两人先行吞下安眠药，然后带着小孩烧炭，准备一起自杀。所幸，因为小孩子大声哭叫，邻居及时发现，把一家人从鬼门关救了回来。自杀甚或带着别人一起死，这种行为叫愚痴、邪见，也是不道德的。人的生命要自然地生，也要自然地灭，强求的苟活与自暴自弃的放弃都不对。

长乐先生： 有人把生命看得太贱，因为一点小事就可以抛弃生命。其实，有时候看不开只是一时的，千万别冲动。绝望是一道幽黑的深谷，它的深处开着希望之花。很苦的时候，忍过去可能就是甜。

星云大师： 人生本来就是苦，人类的苦，有时是因为欲望太高，求不到当然苦；有时是因为爱嗔太强烈、太分明，想爱的爱不到，冤家却常相聚守。不过，我们可以转苦为乐，就好像一间屋子，本来是黑暗的，但只要点个灯，就可以转暗为明。人生懂得"转"很重要，转坏为好，转恶为善。懂得转身，退一步想，海阔天空；懂得回头，后面的半个世界更是无比宽广。

长乐先生： 有自杀念头的人，我希望你在最后时刻再给自己一点时间想一想。如果你能抛弃这个念头，我想，自杀就是你重新"活"过来的转折点。如果你就此"活"了过来，就有可能达到无惧和"永生"。因为死的尽头就是生，置之死地而后生，往往比正常人有更大的觉悟。

星云大师： 曾经有人问：我们拿念珠是念佛，观世音菩萨也拿念珠，他念什么？念观世音。为什么自己要念自己？因为求人不如求己。所以，佛教讲"自依止，法依止"，皈依自己、相信自己、肯定自己。刚才总裁讲得很好，要自己求生。人要在世间生存，一定要靠自己的力量，强化自己、发挥自己最重要。靠哪一个人来救我们，靠哪一个人来帮我们，都不如靠自己。

长乐先生： 人一觉得"生不如死"，就想自杀，希望就此一了百了。但是，你真的能一了百了吗？不一定吧。我看过一本书，叫《认清自杀的真相》。书里说，

拾

自杀者所感受的痛苦，千百倍于生前所受的苦，非语言所能形容。不知佛教里可有相关的论述？

星云大师：在佛教里，《成实论·卷第十》中说，恶有"恶""大恶""恶中恶"三种，自杀亦教人杀，是为大恶。《梵网经》也说，凡生者皆为我父、我母，故杀生即杀父、杀母。准此而言，自杀亦无异杀父、杀母。佛教十分重视生命，反对任何戕害生命的做法，而主张在有生之年发挥生命的光与热。自杀者必定是带着一种心灵的创伤，在痛苦、哀伤、无助、绝望、焦虑，甚至是愤怒、嗔恨、懊悔的情绪中死去，就凭当下这一念，死后必定堕入地狱，这就是《阿毗达磨俱舍论》中所讲的"业道"。所谓"业道"，即贪、嗔、痴三业，由贪生嗔，由嗔生痴，由痴生贪。前者成为后者之道，或者互相辗转为道，如此成为六道轮回之通路。也就是说，我人造作的业，自然会产生一种力量，引生结果。业本身就像道路，随着善业能通向善的地方，随着恶业能通向恶的地方。

长乐先生：几年前，大陆女歌手陈琳自杀了，据报道说是因为感情问题，真是这样吗？我觉得，从表面上看，是这样的，但实际上，她的死和感情完全无关，她是被自己的念头杀死的，她死在自己的故事里。

人们都生活在自己的故事里，没有一个人例外。如果你太相信自己的故事，那你就被自己糊弄了；如果你不相信自己的故事，那你就超脱自在。彻底认清自己的故事，走出自己的故事，便是超脱，便是人生的觉悟。路，不通时，学会拐弯；心，不快时，学会看开；棘手的事，难做时，学会放下；欲去的缘，渐远时，选择随意。有些事，摆一摆，就过去了；有些人，狠一狠，就忘记了；有些情，淡一淡，就释然了；有些累，停一停，就休歇了；有些苦，笑一笑，就消除了；有些心，伤一伤，就坚强了。

行至水穷路自横，坐看云起天亦高。

路旁有路，心内有心。

星云大师：佛教是严戒杀生的宗教，认为一切众生皆有佛性，未来必当成佛，故当视如父母般供养给侍，岂忍杀之？若杀之，是亦杀未来佛也。佛教的杀、盗、淫、妄、酒等戒律，有自作、教作、见作随喜的犯行。《梵网经》中说："佛子。若自杀教人杀方便赞叹杀见作随喜。乃至咒杀。杀因杀缘杀法杀业。乃至一切有命者不得故杀。"以人为本的佛教，对于杀生的诸多问题，只有功过上的轻重比较，但也不是绝对的。过去佛陀也曾杀了一个强盗而救了成千上万的人，表面看起来这是不慈悲的，可是为了救更多的人，这其实是在行大慈悲。这说明佛教的戒律不但是消极地行善，更重视积极地救人。

放生要随缘行之，不要刻意放生。比放生更重要的是要能护生，而护生最大的意义是"放人"一条生路，就是当一个人失意时，给予他正面的鼓励、开导，给人方便、给人救济、给人善因好缘，助成别人的好事。

生死关头

长乐先生：有一次，庄子在去楚国的路上碰到一具骷髅，于是枕着骷髅睡着了。半夜，骷髅在梦中对庄子说："人死了以后，上无君下无臣，也没有四季的冷冻热晒，从容自得地和天地共长久，这快乐程度，即使世上的君王也比不上！"庄子不相信，说道："我让掌管生死的鬼神恢复你的形貌，归还你的肌肉骨骼，送还你的父母、妻子、朋友和乡亲，你愿意吗？"骷髅紧锁着眉头说："我怎么会放弃比南面称王还快乐的事，到人间受那些劳体烦心的罪呢？"所以，庄子是把死亡看作一种至高无上的安乐之事的。禅门有云：无常迅速，生死事大。生死真是人生最大的烦恼，也是我们平凡人很难看破的。

星云大师：人的一生，就拿人体的新陈代谢来说，也是"昨日之我，已非今日之我；今日之我，亦非明日之我"；因为细胞有繁殖、生死、代谢，所以让我们赖以生存的身体，一直在生生灭灭中不断老化。

其实，人之生，必定会死；人之死，还会再生。生生死死，死死生生，如环形的钟表，没有开始，也没有结束。生死只是一个循环而已，如种瓜得瓜，种豆得豆；种也不是开始，收也不是结束；开始中有结束，结束中有开始。

"往生"这个词非常美好，它让人感到生命不是死亡就算结束，此间死亡，只是肉体老朽后的淘汰，生命可以依其目的，往生到更善更美的去处。我们就把它当成出国去旅行，会玩得很愉快、很舒服；或是升天堂，成圣成佛，从此安住在极乐净土，不必再受无常人间种种风波的折磨，不是也很好？

在佛教看来，死亡是另一个新生的开始，如虫化茧，如蝶破蛹，如鸟出壳，进入了另一个更光明祥和的世界，我们在世的人又何必私念结执而痛不欲生呢？

长乐先生：《死亡的真相》这本书中讲到，有个人死了很多年以后，家人开棺捡骨，发现他竟然四肢蜷曲，面向棺底俯卧着。原来他只是一时晕死，入殓之后又复活了，醒来后发现自己被关在棺木里，痛苦万分，拼命挣扎想破棺而出，翻来覆去终于还是闷死了。所以我觉得，佛教里停灵八个小时的说法，不管是对真正的死还是假象的死，都是一种过渡期。请问大师，我知道佛教主张火葬，而且佛教有很多关于舍利的神奇传说，您怎么看？

星云大师：我是一个出家人，舍利的事情其实我也很难相信，但我不得不信，因为我看了很多。有人看经书，从经书里看出舍利来，你说奇怪不奇怪？我甚至见过有个人的头发有结舍利。40多年前，我在一个寺院做法会，我亲眼看到油灯结出了五彩灯花舍利。

佛陀涅槃后，所烧出的舍利有一石六斗之多，在当时被八个国王争分，每人各得一份舍利。他们将佛陀的舍利带回自己的国家，并且兴建宝塔，让百姓瞻仰、礼拜。40年前，我到印度朝圣，一个90多岁的老和尚送了我一粒佛陀舍利子。西安法门寺的佛顶骨舍利也是真的。其实，舍利不一定是圆的，它就是骨头，就是灵骨。但它很坚固，据说用锤子砸都砸不坏，但我不敢试，所以我不知道这是不是真的。宗教有宗教的世界，科学有科学的世界。我是一个人间佛教的倡导者，讲话要符合现实和人情。关于舍利的见解，我只是给诸位一点参考。

长乐先生：北京奥运会开幕前夕，南京大报恩寺遗址也传出喜讯，千年佛舍利再度现世。凤凰卫视全程直播了这件事。我知道佛经上说，舍利是一个人通过

拾

戒、定、慧的修持，加上自己的大愿力得来的，十分稀有、宝贵。很多得道高僧都死得洒脱，没有选择火葬，所以也不一定会留下舍利。

星云大师：有一位东初长老，曾托付我说："我过身以后，你替我把骨灰撒到海里，跟鱼虾结个缘。"真是谈笑之间见胸襟！许多人生前贪心，要买这一块地，买那一块地；死后仍然计较，要自己的坟墓建得高大宽广，装潢得华丽美观。活着的时候与死人争地，死了以后还要与活人争地，既贪心又可笑！

长乐先生：庄子快要死的时候，弟子们想厚葬他，纷纷商量如何用最上等的棺木隆重地埋葬他。庄子大笑着说："我用天地做棺木，用日月做玉璧，用星辰做珠宝，用世间万物做殉葬，还不够丰富吗？还有什么比这更隆重的呢？"弟子们说："不行啊，把您露天放在森林里，恐怕会被乌鸦和老鹰啄食啊！还是用最好的棺木把您葬了的好！"庄子笑着答道："这有什么差别呢？露天让乌鸦、老鹰吃，和埋在土里给蚂蚁、蛆虫吃，还不是一样？何必从乌鸦嘴里抢来给蚂蚁吃，为什么要这样偏心呢？"

星云大师：宋朝的德普禅师，十分洒脱遗世。有一天，他把徒弟们都召集到跟前来，吩咐大家说："我就要去了，不知道我死了以后你们如何祭拜我，也不知道我有没有空来吃，与其到时师徒悬念，不如趁我现在还活着，大家先来祭拜一下吧！"弟子们虽然觉得奇怪，但也不敢有违师令，于是大家欢欢喜喜地聚在一起祭拜了一番。谁知道第二天雪一停，德普禅师就真的去世了。像这种先祭后死的方式虽然很奇怪，但也不失幽默。俗话说，生前一滴水，胜过死后百重泉。为人子女的要孝养父母，应该在父母生前克尽孝道才对，如果等到亲死下葬后才大事祭拜，这样的孝道就太空泛了。

长乐先生：生前早尽孝，莫待人老空哭坟！人生最大的遗憾就是：子欲孝而亲不待。所以，尽孝一定要趁早。尽孝要行于当下，等无常来时，想要尽孝道也没有机会了。尽孝不是以金钱多少、环境优劣来衡量的，普天下的父母生儿育女，没有图儿女回报的，在父母心里，儿女有钱了，比自己有钱还快乐万分。尽孝不一定要用多少金钱，比如我常给父母打个电话，常去父母那儿坐一会儿，唠唠家常，仅是这样，父母就心满意足了。再有，孝顺孝顺，依顺则孝。俗话说，千钿难买自中意。人老了，就容易感到孤独，有时候不必太较真，尊重老人的意愿，顺着他们，让他们做自己"中意"的事，就是尽孝了。

星云大师："彼以生为附赘县疣，以死为决疣溃痈"，人的一生不过百年，有生必有死，信佛的人会死，不信佛的人也会死，我们都不要怕死，要对死后充满希望。我在海南时，有个人问我对死亡有什么看法。我说我觉得死很美，死亡没什么别扭的，该来的时候就会来了。

人生的每一刻都很美，死亡也是一件美好的事情。

古诗有云："眼见他人死，我心急如火，不是急他人，看看轮到我。"

有人寿尽归天，有人福尽堕落，有人意外身亡，更有人生死来去自如。面对死亡，大多数人都是恐惧多过了解，或者以"不知生，焉知死"拒绝谈论。事实上，黄泉路上无老少，物有生住异灭，人有生老病死，这是天地万物运转的常道。所谓"平常心是道"，若能以平常心来看待生命的递嬗与转化，就能更好地面对生老病死，进而珍惜生的可贵！